数字媒体交互设计的发展与应用研究

丁嘉阳◎著

文化发展出版社
Cultural Development Press

·北京·

图书在版编目（CIP）数据

数字媒体交互设计的发展与应用研究 ／ 丁嘉阳著
. — 北京 ：文化发展出版社，2023.11
ISBN 978－7－5142－4172－3

Ⅰ．①数… Ⅱ．①丁… Ⅲ．①数字技术－多媒体技术
－研究 Ⅳ．① TP37

中国国家版本馆 CIP 数据核字 (2023) 第 223839 号

数字媒体交互设计的发展与应用研究

丁嘉阳　著

出 版 人：宋　娜

责任编辑：侯　娜　　　　　责任校对：岳智勇

责任印制：邓辉明　　　　　封面设计：守正文化

出版发行：文化发展出版社（北京市翠微路 2 号 邮编：100036）

网　　　址：www.wenhuafazhan.com

经　　　销：全国新华书店

印　　　刷：天津和萱印刷有限公司

开　　本：710mm×1000mm　1/16

字　　数：228 千字

印　　张：12.75

版　　次：2024 年 3 月第 1 版

印　　次：2024 年 3 月第 1 次印刷

定　　价：72.00 元

Ｉ Ｓ Ｂ Ｎ：978－7－5142－4172－3

◆ 如有印装质量问题，请电话联系：010－58484999

前　言

　　数字媒体艺术的影响力是划时代的，与以往任何一种艺术形式都不可同日而语，它为当下的艺术活动提供了最主要的来源和支持，也呈现出特有的艺术特征。数字媒体艺术是架构在科学基础之上的艺术形式，但它除了纯技术的表现，还包含技术、艺术以外的社会其他构成部分，使艺术形态得到持续不断的变化和整合，从而影响艺术美学观念的重构。可以说，数字媒体艺术是综合性极强，内涵与外延联系广泛，各个学科相互影响、相互融合的一个学科范畴。

　　现代艺术设计受到科学技术进步和传播媒介现代化和信息化的深刻影响，近些年来，现代设计领域开始越来越频繁地应用数字媒体艺术，使现代设计的表现力大大提高，丰富了艺术的内涵和外延。就如数字媒体艺术交互设计，其作为一个跨学科的交叉研究领域，学科综合性较强。在数字媒体艺术交互的大语境下不同研究者对交互设计都有自己的理解。数字媒体艺术交互设计的研究在人机交互方面的技术相对成熟，但数字媒体艺术交互的艺术性教学方式较为薄弱，再加上初学者的知识结构与实践经验的缺乏，使其一时不能迅速转变思维模式，这个现象不仅对数字媒体艺术交互设计人才的培养提出了挑战，也为交互设计教育工作者和从业人员提供了机遇。巨大的行业需求等待着更多的具备设计专业素养的人才去研究与探索。

　　本书内容共分为五章。第一章为数字媒体艺术概述，主要介绍了三个方面的内容，依次是数字媒体的概念、数字媒体艺术的分类、数字媒体艺术的主要内容。第二章为数字新媒体艺术的发展，包含三个方面的内容，依次是大数据与云计算、物联网技术与移动技术、虚拟增强现实技术与人工智能。第三章是交互设计技术建构，主要介绍了三个方面的内容，依次是交互设计的理论概念、交互行为设计、数字媒体艺术交互设计的方法和流程。第四章是交互设计中的用户参与，主要介绍了三个方面的内容，依次是人机交互领域中的用户参与概述、交互设计中的共式参与、交互设计中的创造式参与。第五章是交互媒体时代的创新应用，包含四个方面的内容，依次是走进交互媒体时代、数字媒体艺术在交互设计中的应用领域、交互动画与数字影像的创新应用、数字媒体交互设计的作品欣赏。

在撰写本书的过程中，本人得到了许多专家学者的帮助与指导，参考了大量的学术文献，在此表示真挚的感谢。但由于笔者水平有限，书中难免会有疏漏之处，希望读者朋友不吝赐教。

作者

2023 年 4 月

目 录

第一章　数字媒体艺术概述

数字时代在不断创新与发展中时刻保持着青春的活力与激情，迸发出闪耀的新成果，开辟出诱人的新前景。数字媒体艺术这门学科在最近十几年里不断发展变化，网络力量对媒体的影响已经全面展现在我们的面前、发生在我们的学习生活中。本章主要从数字媒体的概念、数字媒体的分类和数字媒体的主要内容进行阐述。

第一节　数字媒体的概念

一、媒体的概念

"媒体"一词的概念涵盖了所有媒介载体，媒体存在于人们的生活意识形态中，凭借各种各样的介质、载体和表达方式在人类的生活中生存。

动物界：动物间的信息传递是一种遵从本能的行为，其目的是生存和延续，动物间的信息传递和接收现象十分普遍，如蝙蝠通过超声波传递信息、蚂蚁通过触角传递信息、蛇通过蛇信子上的空气分子感应接收信息等。

人类：人类最初以自身为信息传递的载体，通过动作和话语传递信息。公元前 490 年，希腊在与波斯的战争中胜利，一名通信兵为了将获胜的捷报传递到雅典，长跑 42 195 千米，到达目的地后筋疲力尽而亡。这名通信兵只是一个信息传递的载体，信息传递的任务完成了，他生存的使命也就完成了，他是为了信息传递而生存的。这使人们意识到了社会环境会对媒体的传播造成影响，传播是将信息快速有效地从物质和心理层面进行多次的传达。

二、数字媒体的定义

数字媒体是一种现代传媒载体，它利用计算机二进制的数码信息元作为传递方式，并对信息进行记录、存储、处理和统筹，以满足服务社会的目的。这些承载方式将在不同的阶段以各自特有的形式显现出来。就传播媒介而言，可以将其分为初级形态和高级形态两个发展阶段。在最早期，初级形态主要依靠符号、记号、肢体语言、视听形式、口头表达以及书写、绘画等手段传播信息，这些信息通过纸张和印刷术的形态得以保存和传承。[1] 这种形态主要涵盖了互联网、无线电、电话、电报、电影、电视和传真等电子和数字媒介形式。[2] 高级形态的特点在于其包含了大量的信息，通常被称为"信息大爆炸"，其传递信息的速度快，媒介也非常多元化，并且能够促进媒体和受众之间的双向和多向互动。[3] 数字媒体产业链有着悠久的历史和多样的形式，能够有效地管理人、文、物三方面之间的互动信息关系。致力于推动多样化媒体的发展，以满足人类日益频繁的信息交流及互动需求。

三、数字艺术

数字艺术是一种新兴艺术形式，与传统艺术形式不同，它依赖于数字化软件和高科技设备，紧密联系着当今社会的脉搏，是利用电脑、软件、硬件和周边设备，激发艺术家的原创概念，以此进行创作和呈现的一种科技创新技术。

从狭义上讲，数字艺术就是利用数字科技和前沿媒体技术，将人类理性思维和艺术感性思维巧妙结合起来，而呈现出的全新的艺术形式。数字艺术是指利用数字和信息技术创作出的独具审美价值的艺术作品，这些作品表现出模拟现实的虚拟世界，同时也具备创意、互动以及使用网络媒介等基本特征。从其表现的内容上看，它展现了数字技术与文化内容互相融合的卓越特色，以及数字时代全新的文化艺术和审美特点。数字艺术涵盖了计算机艺术、数字摄影艺术、互联网艺术、数字互动艺术以及虚拟现实艺术等多种形式。狭义的数字艺术涵盖了多种艺术形式，其中包括互动装置艺术、虚拟现实设计、多媒体设计、游戏设计、动漫设计、信息设计、数字摄影、数字摄像和数字音乐等。

数字艺术可以被广泛认为是将艺术转化为数字形式。根据格伦·威尔金斯（Glen Wilkins）在 2001 年的著作《使用像素绘制》（*Painting with Pixels*）中

---

① 陈婧. 技术变迁情景下文化组织形态研究 [D]. 武汉：华中师范大学，2007.

② 张屹. 赛博空间与文学的转型 [J]. 淮海工学院学报（人文社会科学版）2013，11（1）：83-85.

③ 赵婷婷. 全媒体时代下传记性报道研究 [J]. 今传媒，2014，22（1）：132-133.

的论述，若在艺术创作的全过程或某个阶段中使用了计算机处理素材，则所产生的图像就可以被归纳为"数字艺术"。数字艺术的定义包括将传统艺术形式如绘画和音乐等转换为数字形式，如图片和数字音乐等。另外，以数字技术为基础进行创作的工业设计、环艺设计等作品，可被视为数字艺术的一部分。这个定义还包括上传的扫描图像、电子书等，因此我们现在所熟悉的多媒体艺术和相关作品（如书籍、海报、杂志等印刷品）的数字化都可以归于此范畴。

四、数字媒体艺术

当下社会和科技的发展水平，对于艺术形式的创新和推广至关重要。随着计算机的普及和数字化时代的来临，数字媒体艺术应运而生。数字媒体艺术的兴起并非偶然，而是社会信息化浪潮中科学与艺术的必然交融，并深刻反映了电子媒体、数字媒体和新艺术形式近年来的融合、发展和互相促进的历史。20 世纪的科学艺术发展历程表明，[①] 观念的演变和技术的不断革新是推动艺术不断向前发展和取得进步的关键动力。量子力学、相对论等自然科学领域的发展，以及现代主义和后现代主义等哲学和社会科学思潮的兴起，为人们开阔了视野，让我们更深入地理解了"美学"和"艺术"的本质。20 世纪初，艺术界涌现了一批杰出的艺术家，包括后现代主义的艺术家马歇尔·杜尚、美国现代音乐家约翰·凯奇、波普艺术大师安迪·沃霍尔、波普艺术家劳申伯格以及影像装置艺术先锋白南淮等人。这些艺术家推动了达达主义、波普艺术、装置艺术和电子艺术等领域的发展和创新。随着数字媒体技术的不断深入和信息时代的到来，这些艺术观念和艺术活动逐渐统一，形成了一个新的艺术形式和概念，即数字媒体艺术。另外，一些艺术流派和艺术家（如激浪派、未来派、先锋电影艺术、表演艺术和偶发艺术等）将科技、艺术、表演与生活有机结合起来，展现出了"数字媒体艺术"的理念和呈现方式。为了让"数字媒体艺术"更明确地被定义和界定，在这里我们需要强调20 世纪计算机与艺术以及艺术设计的结合路径，并回顾"数字技术＋艺术观念＋媒体变革"的历史，这将有助于我们更深入地理解"数字媒体艺术"概念的确立过程以及它的发展历程。[②]

---

① 鲍宗豪. 数字化与人文精神 [M]. 上海：上海三联书店，2003.

② 李四达. 数字媒体艺术概论 [M]. 北京：清华大学出版社，2006.

数字媒体艺术是以数字化技术和现代传播技术为基础，将人的逻辑思维和艺术观感相结合的一种全新艺术表现形式。数字媒体艺术因应用技术和表现手段，具有非凡的艺术魅力。在当今的艺术设计领域，它是最具创造力和成长潜力的领域之一。"电脑美术"形式是数字媒体艺术的主要表现方式。数字技术和数字媒体在艺术创作中的运用形式包括数字视频、数字电影、平面艺术设计、工业设计、展示艺术设计、服装设计和建筑环境设计等。其表现形式十分多样化，并涵盖了许多领域，如互动设备、多媒体展示、电子娱乐、动画漫画、数码摄影、在线游戏等。数字媒体艺术与其他艺术形式的区别在于，它的呈现方式或创作过程中部分或全部采用了数字科技手段。

数字媒体艺术以运用先进计算机技术为支柱，形成了独一无二的艺术表达方式和展现形态。数字媒体艺术可以被描述为数字技术参与或部分参与艺术创作过程的艺术形式，同时也包括数字艺术作品本身。数字媒体艺术作品是指那些以数字化形式呈现的艺术作品，如在计算机上展示的图像、动画、数字电影或网页。数字媒体艺术也可以指利用数字媒体技术创造艺术形式的过程。

数字媒体艺术作为一门学科，涵盖了计算机科学和人文社会科学两个领域，因而具备典型的跨学科特征。还有一点值得注意的是，数字媒体艺术和媒体传播技术已经混为一体，无论是在呈现形式、内容还是传播方式上，都更加依赖数字媒体技术的不断发展。[①] 数字媒体艺术是基于数字媒体技术的艺术，融合了视觉艺术、设计学、计算机图形图像学和媒体技术等多个领域，这是它所包含的本质和内涵。[②]

随着科技迅猛发展，人们的生活正在持续演变，这种变化不仅反映在实体层面，还涉及人的心理层面。新的思想、技术和视野不断涌现，推动了新的艺术形式的出现，为人们带来了前所未有的方便。数字媒体艺术是一种独特的新艺术，受到不断前进的技术和思想潮流的影响。它是科技和美学的结晶，它的诞生拓宽了公众的视野，让我们的联系变得更加紧密。数字媒体艺术的迅猛发展，反映出其蓬勃生命和广阔前景，但任何一种新兴艺术形式的涌现都源于新思想、新技术和新视野的推动。计算机技术的进步促进了数字媒体艺术的兴起，因此数字媒体

---

① 李四达. 数字媒体艺术概论 [M]. 北京：清华大学出版社，2006.

② 李四达. 数字媒体艺术概论 [M]. 北京：清华大学出版社，2006.

艺术的呈现方式也随之变化。在第二次世界大战后，随着计算机和数字技术的发展，数字媒体艺术应运而生。它面临过许多挑战和困难，经历了启蒙、成长和繁荣的历程。

在 20 世纪 60 年代，数字媒体艺术初露端倪，这是一个崭新的领域，这个阶段的数字媒体只能被称为数字艺术。此时，许多艺术家都在实验室中进行创新探索、研究和创作，以获取新的艺术素材。然而，他们中的多数人并没有接受过正式的艺术教育，但却热爱科学和艺术，因此他们专注于这个领域的创作。这样，他们就发明出了新的艺术形式，如录像艺术和激光艺术等。这些先驱者的研究为数字媒体开启了一扇重要的门户。

20 世纪 70—80 年代是计算机图像和三维计算机动画迅速发展的关键时期，数字媒体艺术也因此发生了本质性的变革。此时，电脑绘画软件问世，大量艺术家开始转向计算机艺术创作，这也推动了计算机动画和电影特效进入娱乐市场。在 20 世纪 80 年代这个充满活力的时期，数字媒体艺术软件不断拓展功能，同时也不断推出计算机外围设备，如胶片记录仪、彩色喷墨打印机和扫描仪等。这些技术的发展推动了数字媒体艺术的不断进步和发展。数字媒体艺术在电影制作中也得到了广泛应用，如电影常常使用数字媒体艺术的三维动画技术。数字媒体为人们的生活带来了更多的乐趣和精彩。

在 20 世纪 90 年代，互联网和多媒体技术迅速发展，数字媒体艺术也因此呈现出极为多元化的形式，表现能力和内容丰富度已经超越了传统艺术领域的限制。当前，数字媒体艺术已经广泛渗透到各个领域中，如平面设计、广告业、景观设计、展览设计等行业均在普遍地采用数字媒体技术，可以说我们的生活已经深深地依赖于它。数字媒体艺术正在逐渐渗透并改变我们整个人类社会的面貌。

数字媒体艺术结合了艺术和计算机科学与技术，采用电子或数字媒体形式来呈现其作品或设计产品，包括交互式装置艺术、多媒体网页等。这些作品主要通过新媒体形式或数字载体（如互联网、光盘、手机或电子交互媒介）进行传播。因此，数字媒体艺术的研究探讨如何在数字艺术创作工具的基础上，依据人类需求和艺术设计原则进行艺术作品或服务业产品的创作和呈现，以及如何通过数字媒体的时空特征来推进和扩展人类艺术创新和想象力。①

---

① 鲍宗豪. 数字化与人文精神 [M]. 上海：上海三联书店，2003.

第二节 数字媒体艺术的分类

数字媒体艺术是一个多元化的艺术领域，它是在计算机数字平台的基础上创作出来的媒体艺术形式的集合体，并不是单一的某种传统艺术形式。数字媒体艺术在创作的过程中，采用了统一的数字工具和技术语言，运用了多种数字传播媒介，将数字技术、艺术表现和大众传播特性完美融合，能够实现无限复制和广泛传播，是一个年轻却又高速发展的艺术领域。数字媒体艺术涉及的范围十分广泛，要想充分了解数字媒体艺术，就要了解其与相关行业的关系并准确把握这种关系。

一、数字图像艺术

"数字图像艺术"指的就是在创作过程中将艺术与高科技融合，在数字化的方式和概念的基础上所创作出的图像艺术。其具有两种类型：第一种是表达数字时代价值观的图像艺术，这种图像艺术是基于计算机技术和科技概念进行创作的艺术形式；另一种表达的是传统形式的图像艺术，将传统的作品以数字化的技术或手段表现出来。

（一）数字图像艺术的发展

以下主要沿着数字图像艺术创作与图像软件技术发展两条脉络，分析科技创新的思维方法是如何与艺术创作理念相结合的。

1. 图像的概念

"图像"这个词源于西方艺术史译著，基本上指的是 image、icon、picture 等词语及其相关词语，也可以代指人们对视觉感知所进行的物质表现。图像可以由光学设备，如照相机、镜子、望远镜、显微镜等来获取，还可以通过手工绘画等方式人为创作。图像可被记录、保存和纸质媒介上，如纸张和胶片等。由于数字采集技术和信号处理技术的不断进步，数字化存储的图像数量也越来越多。因此，在某些情况下，"图像"一词实际上是指数字图像。本书主要关注的是对数字图像进行艺术化的处理。

数字图像（数码图像）是通过电子存储以数字形式呈现的图像。通过对图像空间进行离散化处理，并对每个离散位置的信息进行量化存储，便可以获得最基本的数字图像。尽管该数字图像具有较大数据量，但通常需要利用图像压缩技术，以提高其在数字媒介上的存储效率。

2. 早期数字图像的艺术体验

对数字图像艺术的研究可以追溯到 20 世纪 50 年代。本杰明·弗朗西斯·拉博斯基（Benjamin Francis Laposky）（1914—2000）来自爱荷华州，是一位数学家、艺术家，是最早的计算机艺术革新者，他在 1950 年使用一种与计算机和电子阴极管示波器相似的设备创造出了世界上第一幅数字图像——*Electronic Abstractions*。这幅电子示波器图像是示波器阴极发射的高速电子穿过荧光屏在记录胶片上留下的轨迹，与多重电子光束的轨迹相似，画面上重重叠叠的数学曲线就是其波纹的结构。显然，这种艺术受到了早期现代抽象画的影响。随后他又于 1956 年创作了一种彩色电子图像。

1956 年，赫伯特·W. 弗兰克（Herbert W. Franke）在维也纳创作了他的示波图作品，他的作品深受拉博斯基"电子抽象平行线"风格的影响，那些由实验示波器产生的图像也都是一些奇特的平行线艺术作品。他的作品在绘画的基础上应用了计算机分析技术，他认为计算机艺术是由两种趋向引发的。他的《计算机图形学：计算机艺术》（*Computer Graphics: Computer Art*）是这个学科的最早著作。

当时，蒙德里安（Mondrian）、康定斯基（Kandinsky）等抽象艺术家认为："数是一切抽象表现的终结"，他们在几何抽象作品中建立了一种具有数学性的"和谐结构"，这些理论和作品深刻影响了数字图像艺术的早期研究。美国科学家 A. 迈克尔·诺尔（A. Michael Noll）出于对当时这种抽象艺术的了解，创作出了一批抽象的、电子生成的影像。

1965 年，诺尔在纽约的霍华德·怀斯画廊举办了世界上最早的完全致力于计算机艺术的展览——Computer-Generated Pictures（计算机生成的图像）。实际上，这些早期的计算机艺术都是一些数学图形，它们记录下了电子或光的轨迹，是最早的由程序生成的数字图像。

计算机绘画的精确几何结构不仅可使原图重组，而且能使带有相同成分的不同图像的构建成为可能。任何整体形式都可被视为一种可用于重构基本单位的几何组合。在这个领域的系统探索中，艺术家希望创造一种视觉现象，在该现象中，具象和抽象不再对立。

在数字图像的探索过程中，一个不可不提的艺术家是劳伦斯·加特尔（Laurence Gartel）。他于1977年毕业于视觉艺术专业。他的计算机实验开始于1975年，包括一些最早的综合特效的应用。他的全部作品都代表了最早期的技术艺术实验，尤其是在影像合成方面。最初的影像合成的手法是"拼贴"，而今"拼贴"已成为数字图像艺术中一个很常用的术语，许多数字艺术的作品显然是师承美术史上的拼贴派。在立体派画家手中，拼贴术一直是为加强画中的审美现实感所使用的一种技巧。"拼贴的语言"就是一种将不同质的元素排列于同一画面中的抽象手法，其最终目的并不在于形式的变革，而是要呈现给人们一个超越日常经验的奇异世界。

20世纪90年代初，桌面出版系统进入传统印刷与艺术设计领域，但当时图像捕捉设备和图像处理软件都还处于较低级的阶段。Canon 760是一部可调节镜头的早期数码相机，25张640×480像素的图片可以装在相机中的小磁卡内。当时的图像只有8bit和256色，处理的软件是"Oasis""Studio 8""Studio 32"，这些是在Adobe Photoshop真正控制市场之前的软件。然而，这些早期的软件已使数字艺术家开始探索未知的图像领域了。

2000年，"Elvis大事记"委员会委任加特尔（Gartel）以其不可思议的拼贴艺术风格解释历史，加特尔在数百张照片、物体和票据的基础上完成了4张独立的拼贴作品。这种带有偶然性和随机性的图像拆分与重组创造了一种新的图像风格，大家也可以将其称为摄影蒙太奇风格的数字艺术。

在20世纪90年代前后，计算机软件和硬件技术发展迅速，产生了"数字艺术"这一概念。"数字艺术"就是将艺术与高技术结合起来，通过数码手段、数码观念而创造出来的艺术作品。主要可以划分为两类：一是利用电脑技术和科技观念，通过设计创造来表现属于数码时代的价值观念；二是用数字技术和手段，利用数字技术和工具，来表达传统的艺术形式。大批的计算机艺术家致力于电子艺术、计算机绘画艺术、合成影像艺术及交互艺术的研究与探索。对这些艺术家而言，科学不再作为一种权威而是作为一种创造的催化剂，科技的进步使人类有限的视界与想象空间越来越开阔。

（二）数字图像艺术的风格

数字图像艺术的特定风格建立在真实和虚拟之间的分界点上，数字图像艺术家往往生活在想象（虚拟）和现实两个世界中，凭借想象来拓展现实生活之外的新的生存空间。以下主要介绍数字图像艺术中一些常见的创作风格。

1. 超现实主义的创作风格

超现实主义幻境是许多数字图像艺术家在作品中所追求的。这种艺术形式起源于20世纪弗洛伊德所创立的精神分析学说。无意识和潜意识潜伏在人的内心深处，不为人的意识所触及，但却对人的行动起着决定性作用。弗洛伊德认为，梦境是潜意识的一种最直观的表达，是一种超越理智的本能的宣泄，也是人类心灵的隐秘之处。而艺术的创造亦如梦似幻，是一种无意识的表达与象征。在弗洛伊德看来，梦境和幻境都是人类的精神游戏，只不过梦是人类在睡梦中的心理活动，而幻境是人类在清醒状态下的心理活动。超现实主义画家竭尽所能所追求的就是这种梦幻的效果。布勒东在他的《超现实主义宣言》中就提到了他们的美学信条："不可思议的东西总是美的，一切不可思议的东西都是美的，只有不可思议的东西才是美的。"

以超现实主义画家形象出现的最显赫的人物是大家所熟悉的西班牙加泰罗尼亚画家萨尔瓦多·达利（Salvdor Dali），他称得上是一名天生的超现实主义者。他的画中有构成梦幻形象的最尖锐的明确内容，是细致逼真与荒诞离奇的混合体。为了达到这一目标，他设计了一种新的创作方法，即所谓的"偏执狂批判活动"，是唤醒潜意识中的幻觉形象并将其诱发出来的手法，在他的作品中，每个局部的细节描绘都是细腻真实的，但是作品的整体完全没有逻辑性和条理性，营造出一种梦魇之感。

2. 拼贴

"拼贴"是数字图像艺术中一个很常用的术语，而在现代艺术史上，最早提出"拼贴"和"装配"概念的是毕加索，他在立体主义的绘画和雕塑中提出这两个概念并借其探索艺术表现与现实形象的关系。这一创作手法在达达主义和超现实主义时期被应用，他们也都视其为一种基本的创作语言，用于实现美学观念上的一些重要变化。

前面提到的早期计算机图像艺术家加特尔，从20世纪70年代开始便创作了大量具有摄影蒙太奇风格的数字艺术拼贴作品，他试图从那些不断变化的城市风景、转瞬即逝的印象和大量流行的文化符号中找到大众文化的象征。他的作品呈现给人们一个超越了日常经验的奇异世界。莉莲·施瓦茨（Lillian Schwartz）把蒙娜丽莎和达芬奇的自画像拼接到一起，这张画成为计算机艺术史上很著名的一张拼贴画。1987 年，施瓦茨通过幻灯片演示发现了达·芬奇的自我肖像和其作品蒙娜丽莎之间的相貌相似性，并将一半蒙娜丽莎的脸和一半达·芬奇的脸拼接在一起，暗示了一种新的形象组合。这种手法在以后的数字图像创作中也屡见不鲜。

当 21 世纪计算机图像技术的发展已使拼贴成为一项最基本的功能时，只要是稍微掌握一点图像软件常识的人，都知道通过"复制"和"粘贴"命令即可实现不同文件间的多样化拼贴。当拼贴术与计算机相遇时，许多过去的"不可能"瞬间成为可能，拼贴艺术既面临着严峻的挑战，又获得了借用其他图像来重组图像的前所未有的良好时机和氛围。而对于一个熟悉 Photoshop 软件的人来说，拼贴实际上是一种基本的艺术思维方式。

在对一些特定的视觉元素进行有意识的拼接时，设计者故意用一种反讽或游戏的态度来完成，以此作为一种讽刺现实的玩世不恭的手段。

虽然拼贴已不是新概念，但近几年来，随着计算机科技与信息技术的飞速发展，拼贴被计算机艺术家，尤其是数码插画家所热爱。年轻的计算机艺术家利用计算机软件无可比拟的技术优势，将达达主义以来所有意念上的幻想转换成完全逼真的视觉形象，最大限度地刺激着观众的视觉。

3. 科技色彩的体现

计算机图像艺术属于一种探索技术与前瞻性科学领域的艺术。这类艺术与科学研究一样，都在不断探索科技创新的可能性和意义。"数字艺术"的产生基于科学技术，尤其是计算机科技的迅速发展。新的科学技术方法对传统观点及概念化的物理世界提出了挑战，这些挑战解放了艺术家的思想，激励他们去关注没有制约、没有确定及非传统的研究领域。而日新月异的科技发展和新科技产品的发明也是他们灵感的来源之一。因此，计算机艺术的作品往往都带有信息时代所特有的鲜明的科技色彩，它是一种与科学、技术密切相关的现代新艺术形式。

例如，早期的计算机图像艺术家马克·威尔逊（Mark Wilson），其作品在

20 世纪 70 年代倾向于抽象的几何图形研究，并且具有明显的科技品位，在他 1970—1977 年间的一系列以表现科技为主题的作品中，主要内容是电路板、电子装置和几何学的构成。威尔逊创造出了一种所谓"图解示图"式——电路板式的绘图风格，将电路板复杂的机械构成抽象为线条与彩色的几何图形，并将它们进行颇有意味的组装，这种设计思路曾一度成为计算机图像艺术领域（20 世纪 90 年代初）很流行的一种风格。

4. 图像融合

图像融合就是将互不关联（或有一点关联）的事物在并列时进行相互渗透，直至成为一个无法分割的自然整体。下面分两点来讲解图像融合的概念。

（1）联想思维的变化

联想就是指如果事物在时间和空间上同时出现或相继出现，具有相同或相似的外部特征和意义，那么其就会在人脑中建立一种联系，之后只要人看到其中的一个事物，与之相联系的其他事物也会相继出现在人脑中。

联想是一种两个或两个以上的事物在意识中建立的联系，在联想思维发散的过程中，接受新的信息会使这种联系发生变化，在两种图形之间往往会留下一些荒诞的造型。例如，比利时画家雷尼·马格利特（Rene Magritte，1889—1967）在《集体发明物》中将人的下半身与鱼头结合，创造了人鱼的新样貌，彻底改变了人们印象中人身鱼尾的人鱼印象。马格利特以较写实的手法画出了这种联想变化的感受，形成了谜一样的奇特形象。

这种过渡既像是自然科学的假设，又像是一种极度偶然的突变。马格利特的《红色模型》中的形象，刚开始给人的感觉是人的一双脚，然而通过与靴子的异种融合转变为另一种奇怪的物体。在该作品中，容器（靴子）与填装物（脚）互相穿透融合，通过色彩与形状的渐变创造出一个新的物体。

马格利特简单地通过物体间奇异的变化创造出令人惊异的新形象，有人评价他创造了一个复杂的"心灵图画"系统。而到了计算机设计中，这种"心灵图画"的原理被发展为将一些相关或不相关的图像进行意象融合，在叠加画面的同时通过象征和寓意拓宽了形象的内涵，由于融合的图像之间相互关系的不确定性，融合的结果常常表现出一种潜意识中的超自然、超秩序的世界，这种手法在现代 Photoshop 的艺术和商业作品中被大量采用。

（2）渐变的复杂性

在上面谈的是超现实绘画中单纯而深刻的渐变思想，而在计算机图像的创作过程中，"渐变"概念常常呈现出它极其复杂与多样的一面，这源于软件功能设计的复杂化及数字科技文化的发展。人们曾一度热衷于多图像融合形成的复杂氛围，图像复杂性成为一项极限而被许多人所追求，如混沌式图像的流行。只要图像之间的图形、色彩和意义上存在相同或相似的地方，就能用渐变式融合消除不同图像之间的边界，使不同的图像之间融合得浑然一体、难分彼此；在图形、色彩和意义上完全不同的图像也能进行融合，渐变式融合能糅和图像之间的边界，减少图像重叠的生硬感，缓解视觉冲击。然而，当融合的图像原稿数目不断增加，通过多个层次来表现视觉世界的时候，令人迷惑的变化往往会产生。

5. 数字摄影的真实性

在数字图像艺术领域中，摄影作品始终是最重要的设计原稿之一。计算机对摄影作品的后期处理可以分为两类：一类是制作较含蓄并带有一定可信度的图像艺术化方式，如只对摄影图片进行局部的修饰和细节调换，使其在经过巧妙处理之后，表面上看来仍然具有相当的真实性，这是一种隐蔽性的摄影图像处理方法；另一类则是显而易见的、大幅度的图像改变，前面提到的超现实主义的创作手法便属于后者。本节主要来谈一谈第一类隐蔽性的图像处理。该种方式在摄影艺术作品后期及现代商业广告中的应用较多。

让－吕克·戈达尔（Jean-Luc Godard）的名言"摄影是真实的"，概括了摄影这一艺术形式在 1826 年出现以后人们对它的看法，比起绘画，摄影一直被视为真实反映现实的媒介。在 Photoshop 等图像处理软件出现之后，摄影师的影像拍摄技巧和暗房技术都得到了极大的拓展，从前的一些摄影技术局限，在这些后期处理软件中被轻而易举地突破了。

事实上，目前摄影本身的界限也开始模糊。什么是摄影呢？用数码相机拍照片称为摄影，那用 Photoshop 处理过的图片应该被称为什么？是属于绘画还是设计？还是数码艺术或视觉艺术？数码影像对传统摄影的严重冲击体现在泛滥的数量和多样的形式上，然而这一切才刚刚开始。

在过去的十几年中，数码影像技术已经被广泛地运用，使得 Photoshop 这款专业图像工具逐渐转变为一种大众化的软件。随着数码自拍现象的盛行，

Photoshop 成了许多人的新宠，并用"PS"来缩写，彻底取代了指代 PS 游戏机的 PlayStation。当老一辈专家对年轻人随心所欲拍照行为表示不满时，年轻人却指着电脑屏幕上熟练操作的 Photoshop 软件说："我们也讲究技术，并且运用数字技术进行后期处理，就像在做暗房技术一样。"当然，也有人觉得它具备难以掌控的力量——一种能够欺骗大众的工具，对于专业人士的信誉构成了威胁。对于某些营销从业者而言，广告中的 Photoshop 使用已经破坏了公众对事实和虚假的判断能力，进而削弱了信任。广告模特的皮肤常常被过度润饰，并展示完美无瑕的产品，对于未接受过训练的人来说，这些图片看起来和普通照片没什么区别，这就出现了隐患，因为你很难想象这些图片到底经过了多少处理。

数字图像艺术的独特风格源于其在真实与虚拟之间画出的分界线。可能是由于这种模拟和重构真实的能力，摄影界遇到了很多挑战，同时也在网络上引发了一些社会问题。然而，计算机为创作提供了超越自然的领域，在这个领域内，人们需要放弃传统的创作范式，探索作品在虚拟世界和自然世界交汇处的表现形式。这种手法以虚乱实的修饰方式，常常为艺术表现注入惊险的因素和视觉上的震撼效果。

另外必须要提及的是，Adobe 发言人表示，该公司的 Advanced Technology 实验室已经研发了 Photoshop 的外挂程序，可侦测某张照片是否经过变造。到目前为止，Adobe 有两款外挂程序已进入相当成熟的阶段。其中，一款工具被称为"复制工具侦测器"（Clone Tool Detector），可用来判断一张照片的某个部分（如一块沙地或一片玻璃）是不是从照片的另一角复制过来的；另一款工具被该实验室称为"Truth Dots"，可用来分析某张照片的像素是否遗失——这是影像被剪接的一种迹象。制作更多的鉴定工具，可能有助于人们分辨照片的真伪。然而，也给许多人带来疑问：当每个人都可以轻易地判别出图像世界中何为"真"，何为"伪"时，这个世界会不会因此更加混乱和难于理解了呢？

6. 混沌美学

所谓"混沌（chaos）"，是指在毫不相干的事件之间存在潜伏的内在关联性。混沌学也可以被看作一种非线性的、随机性的、自由演化的、无序的科学。自然界中的艺术品，往往没有特定的尺度与规律性，它们是天然的、随意的、追求野性的、未开化的、混沌的原始形状，如热带雨林、沙漠、海岸、星系、山脉的起伏等，从这些自然形态之中，大家可以体会到混沌美学的含义。

在数字图像艺术领域中，有一种非常显著的风格被称为"混沌式图像"。这一类图像在画面表现上最为费力，逻辑也最模糊。其特征是许多相关或不相关的图像元素，彼此以不明确的规则相互混杂重叠，形成非线性的、随机性的、模糊不清的图像风格。20世纪60年代兴起的摇滚乐，以及20世纪80年代的MTV等，都是酝酿此类风格的重要因素。另外，此类风格也受到电子传播技术极深的影响。在混沌之中，图像既可以清晰，也可以彻底无法辨认；构成元素可以有逻辑，也可以完全不知所云，它们只是纯视觉构图的光影媒介。这一类图像具有较强的装饰性，没有明确的主题。混沌派影像质感繁复、色调丰富，能令人品味良久。

混沌派作品的优劣完全取决于设计者本身的视觉造诣与图像处理技巧，同时对图像素材的要求也极高。例如，用Photoshop制作的大量混沌派作品便是利用不同的图像素材进行一次次半透明重叠的试验。配合功能强大的图层混合模式功能，对图像像素点进行复杂的数学运算，往往可生成随机的、意外的合成效果，并可创造出大量崭新的图像肌理。

在图像的交融之中，结合着互不相容事物的程式与材料，美与丑、粗糙与光滑、优雅与粗鲁、琐碎与明了……全部都交融在一起，利用不确定性使之成为作品的主题。

（三）现代图像艺术的表现形式

近年来，各种计算机图形图像软件的不断升级与增强，为数字新艺术时代的到来提供了可操作的技术和工具。并且，20世纪90年代出生的新设计师逐渐打破传统观念，艺术门类之间的界限越来越模糊，新的数码图像风格简直令人眼花缭乱。实际上，无论是插画与照片的结合、2D与3D的结合，还是传统艺术与现代风格的结合，都在说明一个事实：以高科技为手段的一个无界限的视觉世界开始形成。

1. 迷人的后波普艺术风格

澳大利亚的插画家莎拉·豪厄尔（Sarah Howell）是活跃于时尚界的顶级插画师，自从接触了Photoshop，她渐渐挖掘出自己的潜能。豪厄尔的图像风格是显著而时尚的，她在拍摄的精美照片中加入了素描的色彩和有机图形的有趣处理，并形容此风格为"迷人而丰富的后波普艺术，结合了一点不相称的狂野色彩"。

她所拍摄的人物在作品中占据主导地位，因此受到想要宣传其设计思路的时尚公司的青睐。

下面分析一下她的设计制作过程：一开始会添加层层扫描的图片，用水洗或漩涡效果来污染服装或其他元素，下一步是通过绘画和图案扩展这些区域，接着添加精致的细节——这是一个很奇特的非科学过程。她从不使用羽化功能，认为这样才可以找到她喜欢的波普艺术的"剪切—粘贴"感。Sarah Howell 的作品是复杂的拼贴画，她说："我喜欢将两种不应该搭配在一起的颜色混合起来，或者将不和谐的纹理搭配在一起。"她总是在照片上层叠照片、生成纹理，同时添加自己的素描，复杂的拼贴画中所用的色彩和图片是其作品的魅力所在。虽然她的作品中要用到大量照片，但她自己并不拍摄，她构建了自己的摄影师、化妆师和模特团队，进而利用整个团队去实现。

Vault49 是在 2002 年 5 月创建的设计团体，并很快成为英国引领设计潮流的革新性设计公司。在他们的作品中，多种风格并存，自然地形成了一种复杂的有机风格。例如，大家经常能看到泼溅的色彩流、复杂而神秘的纹理、极其唯美的线条图形及精彩摄影的集合等，这些带有显著的"后波普艺术"的意味。

2. 多介质的融合

在平面设计中，堆砌矢量图的数码艺术创作手法已经过时，结合数码摄影、3D 的数码图像时代已经到来。新的材料感觉和造型感觉不断涌现，"拼贴"就成为年轻的数码插画家比较热衷的风格。它挖掘传统介质之上的素材与当前物质和意识之间的关系，仿佛是传统介质与数码像素的对话和辩论。这是一种具有过渡性质的创作风格。

这种新概念的"拼贴"又被称为多介质的融合，因为它在传统拼贴的摄影图片、手绘稿等的基础上，在原始素材中增加了 2D 和 3D 的数码艺术元素，数码艺术元素是这种新的拼贴作品的核心所在。例如，英国非常有名的年轻数码艺术家尼克·安雷（Nik Ainley），通过自学 Photoshop、Illustrator、Poser 等软件创作了很多优秀作品，他的数字图像风格被称为"3D 拼贴画"。在他的极其复杂的 PS 合成作品中总会加进在三维软件中生成的虚拟形象与场景、在矢量软件中完成的装饰图形，以及在一些小软件中生成的数码元素，这些素材在他的画面中产生了神秘而华丽的效果。

安雷自称在创作时，95％的情况下都会用到 Photoshop。他在 Photoshop 里进行极速的构思和创作，并且认为数码插画重要的是有数码艺术元素，而不是仅仅借助数码软件进行创作。

3. 数字写实艺术

绘画艺术一般都是在二维空间的平面上表现三维空间的立体感，以追求一种写实的视觉效果，这主要是依靠一整套焦点透视的理论。而计算机模拟的以假乱真的写实绘画效果，在数字图像艺术领域中也是一种常盛不衰的风格。这令人想起曾流行一时的超级写实主义。超级写实主义，也叫照相写实主义，是 20 世纪 70 年代盛行的一种极致画风。这种油画的创作几乎是完全参考摄影作品来完成的，是将照片在画布上进行的清晰客观的重现。

照相写实主义艺术家不是直接进行写生的，而是用照相机先将想要的图像拍下来，然后对着照片一步步地将图像再现到画布上。有时候，为了得到更大更准确的图像，他们会用幻灯机将图像投影在画布上，再对每个细节进行临摹。这种细节上的精准，让人觉得有些匪夷所思。照相写实主义的细节十分逼真，但其对一切细节的明晰，却显示出其与现实的疏远，以及在真实之下的虚幻。另外，摄影写实画家还刻意掩盖了自己的个性、感情、态度，使作品呈现出一种平静、淡漠的状态。在这一表象背后，折射出了后工业化时代人们在精神上的疏远与冷漠。

查克·克洛斯（Chuck Close）在 20 世纪 70 年代初绘制的《约翰》，人像逼真、纤毫毕现，将皮肤、毛发、眼睛、眼镜等均描绘得富有质感，简直"真得像假的一样了"。写实，在这里已经成为与抽象并驾齐驱的一种现代艺术手法。这种写实主义的影响至今绵延不绝，在网上大家常看到 Photoshop 的写实绘画作品，虽然基于点阵的图像软件的绘画功能不强，但能通过高倍率放大后描绘超微细节。在此看一下英国 CG 艺术家莱特的写实作品。擅长二维的写实人像绘画。保罗·莱特（Paul Wright）将人物的性格深深地印在了画面上，他所描绘的人物生动逼真，对发丝、皮肤纹理、五官皆纤毫毕现，写实程度与照片几乎无异，着实令人惊叹。

归根结底，无论是照相写实主义还是计算机绘画的模拟写实，都与摄影有着本质的区别，人们对事物的感受，绝不是在某一位置角度拍摄的照片所能包容得了的。可以这样概括：画面中隐含的超现实意念是以极为细腻的写实手法来表达的，它们表面上继续着传统与机械的写实，然而同时又与传统保持着反讽的距离。

这几年涌现的图像风格可谓日新月异，在新的数字图像艺术作品中，出现了许多超前的、诗意的、奇异的景象，它们改造着人们日常的视觉经验。生活在一个如此精彩而又高速发展的时代，何等辛苦而又何等幸运。对于视觉传播时代的新人类，数字图像艺术已是一种完全渗透到他们日常生活之中的视觉艺术。将用语言难以表达出来的抽象信息用图形和图像表达出来，创造出不存在于现实世界中的具有欣赏价值的概念世界。这才是我们使用软件的根本原因。

二、互联网艺术

本小节主要对数字媒体时代的游戏艺术进行说明阐述。

荷兰学者约翰·胡伊青加（Johan Huizinga）认为，游戏是在某一固定的时空范围内进行的自愿活动，游戏的规则对游戏者具有绝对的约束力，但又是游戏者自愿接受的，游戏以消遣为目的，使游戏者同时产生紧张感和愉悦感。在关于游戏的该项定义中，胡伊青加强调了游戏用于消遣的作用与功能，这与亚里士多德的观点相近。亚里士多德认为，游戏是劳作后的休息和消遣，是本身不带有任何目的性的一种行为活动。两者观点都强调游戏过程中所产生的娱乐效果。最早的游戏雏形，大致可以追溯到人类原始社会时期，扔石头、投掷带尖的棍子等都是最早的游戏形态。这些游戏的产生显然是以学习和增强生存技能为初衷的。随着社会的不断发展进步，棋牌游戏、竞技游戏、益智游戏等游戏形态陆续问世。这一类游戏大都是为了培养和提高智力，适应竞争环境而产生。"剪刀、石头、布"是一个极为典型的游戏案例，各类棋牌游戏则是智力游戏更高层次的升华。

随着游戏形态及游戏方式的不断演进，"数字游戏"开始登上人类历史舞台。所谓数字游戏，即在数字时代，以数字技术为手段设计研发，以数字化的方式呈现和传播，并以数字设备为操作平台的各类游戏的总称。游戏学家在数字游戏研究学会年会（DiGRA）上指出，"数字游戏"的概念相对于传统游戏，具有跨媒介特性和历史发展性等诸多优势。相关学者也在《游戏研究》杂志的创刊号上撰文指出，数字游戏之称谓极具兼容性，是多种不同媒介的集合。

时至今日，"数字游戏"作为一个专有名词，渐渐得到了普遍认可。这是从媒介和技术角度对游戏的某一形态所进行的归类和界定。因此，这一称谓较之"电子游戏""计算机游戏""视频游戏""交互游戏"而言，更具延展性，也更贴近其本质规定。

（一）"数字游戏"概念的延展性及本质性

1."数字游戏"概念的延展性

如前所述，"数字游戏"的概念是依据其制作技术和传播媒介的性质进行界定的。也就是说，在游戏发展的未来一段时间内，只要游戏仍采用数字化手段制作和传播及与游戏者发生交互关系，那么，无论游戏已发展到何种境地，都仍然可被称为数字游戏。简而言之，这一概念的内涵及所指是不断丰富、发展和完善的，具有历史发展性特点。与数字游戏相较，这一界定将游戏描述为凭借视频画面进行展示和传播的类别，具有明显的局限性。这主要是由于随着技术的发展，数字化的游戏将逐渐超越视频范畴，朝着更为广阔的现实物理空间和虚拟赛博空间的大方向发展，单纯的"视频游戏"的定义只会让游戏的内涵及所指止步不前，得不到广度及深度的扩展及延伸。目前，一些技术公司和游戏开发公司已开始联手合作，正在朝着这一跨越屏幕的游戏体验方式不断努力。而游戏发展至如此境界，"视频游戏"的概念就相形见绌了。同样，"计算机游戏"一词也将概念限定到另外一个较小范畴，用以指称通过计算机制作和展示的游戏，而基于其他物理载体和媒体。这种以终端来分类的方式，在游戏领域较为普遍和常见，与"数字游戏"这一概念相比，其缺陷也是显而易见的。随着技术的不断发展和革新，各种先进的游戏终端设备越来越受到人们的追捧，计算机只是其中一个较大的典型，无法完整地涵盖所有新兴游戏类型。

2."数字游戏"概念的本质性

"数字游戏"这一界定可以涵盖计算机游戏、网络游戏、电视游戏、街机游戏、手机游戏等各种基于数字技术制作和展示的游戏，从本质层面揭示出了该类游戏的共性。这些游戏虽然形式不一、面貌各异，但同时又具备最本质的统一性，即在技术层面均采用以信息、数据运算为基础的数字技术。基于各种数字游戏形态所具有的技术本质同一性特点，在理论上，这些游戏均可被从一个承载平台移植到另一技术终端，并维持原作的基本风格及面貌，且同一款游戏往往也同时推出适用于不同终端的版本。数字游戏不是数字技术和传统游戏的简单机械结合，而是在数字化语境下，在多方环境的共同作用下，通过数字技术制作、展示和传播的一类新型数字媒体艺术形态。目前，学界及业界将大部分精力集中在了对数字游戏形态研发和产业发展两大方面的研究上。数字游戏产业的发展前景无疑是光明而远大的，而至于形态范畴，人们更关心的则是如何创造出一款又一款能够不断刷新人们视听感官和娱乐体验的数字游戏形态，以及如何继续对游戏模式及体验方式进行全方位、多层次的改革及完善。

（二）数字游戏设计与策划

与其他数字艺术形态或娱乐形式不同，数字游戏是一种需要用户（玩家）高度参与和融入的娱乐形式。进入数字时代，尽管观众对于电视、电影的观看方式具有了较强的主体性、主动性和交互性，但这些特性仍然无法与数字游戏为人们带来的自由控制和操纵的权利同日而语。通过数字游戏，人们既可以体验游戏带来的巨大乐趣，又可在胜利或通关之时获得某种心理上的成就感和满足感。游戏设计者在设计游戏时，首先，要对游戏规则有一个大致想法和描述，这是设计游戏需要迈出的第一步。游戏规则是整个游戏的运行框架，贯穿其始终。其次，要对整个游戏进行策划，如目标群体定位，相关元素的整理、添加等。在策划环节还需完成游戏呈现样态的设定，即美工环节，以创造出能够吸引玩家的精致、细腻的画面，更好地服务于游戏整体效果，渲染营造出游戏所需氛围。最后，对于游戏的传播和运营进行思考和推敲，以在提供给玩家娱乐的同时，获得更大规模的玩家群体，获取更大的经济利益。下面笔者将详细介绍数字游戏的设计模式和用户体验。

1. 数字游戏的设计模式

游戏的可玩性及娱乐性可由游戏模式窥知一二。从数字游戏的分类中不难发现，不同内容品类、不同承载终端、不同接入方式的数字游戏，在模式上均存在显著差异。在游戏模式的构成要素中，学者普遍认为规则设计、策划、美术是决定游戏模式具有差异的主要因素，同时也是衡量一款游戏好坏的重要标准。

（1）游戏规则设计

策划设计游戏的第一步就是要确定游戏规则，这决定了玩家是在何种规则下，需要循着一个怎样的线路去达成目的、与人对抗和取得胜利的。游戏规则是一个游戏的核心和主干，它涉及的内容较为广泛。总体来说，就是规定玩家在游戏中行为准则的内容都属于游戏规则的范畴。

什么是规则？古人云："没有规矩不成方圆。"人们生活在一个由各种各样的规则和章法构成的社会中，所倡导和享有的自由也都是相对的，都在法律的规范之内。游戏亦是如此，玩家需要一定的自由度，但也要在保障玩家自由和权利的同时，为他们设定种种规范和规则，以避免危及他者的权益，实现游戏环境的总体公平与自由。没有游戏规则，游戏就如同大厦失去了地基，只能面对轰然倒塌的厄运。游戏与规则如同一个对立统一的矛盾体。因为被限制，玩家才会衍生出各种欲望，才会想方设法地去打破限制，获得最终胜利。由此，在明了规则的必要性之后，需要考虑的下一个重要问题乃是一个游戏到底需要什么样的规则。

游戏需要什么样的规则。既然在游戏中，规则是必需的，那究竟怎样的规则才能使玩家感到舒适和有趣呢？对于规则，需要从两个层面进行理解，一方面，规则有着文化外表和鲜明的时代特征，它总是与时代文化息息相关；另一方面，规则又与人性、心理相关，具有超文化性。作为一种数字艺术形态，数字游戏源于生活，是社会文化的一种，也是基于现实生活的再创作，因此，也就不可避免地带有其所处时代的印记。数字游戏具有鲜明的时代特征和社会文化色彩[1]。马克思认为，社会属性是人的根本属性。人是社会中的人，人在社会中生活、学习、工作等，都是在彰显自己的存在价值或实现某一目的。一个与现实社会别无二致的虚拟游戏世界绝对不是玩家所期待的，玩家不会希望在游戏世界再度邂逅现实社会中的不如意和令人不快的社会体验。但不可辩驳的是，尽管游戏与真实世界迥然相异，但作为一个时代流行文化的重要载体，不同时期的游戏内容都浸染着那个时代鲜明的文化特色。20世纪80年代，影视剧、小说等艺术形态被武侠题材充斥，武侠文化逐渐成为一种重要的表现题材。在武侠题材中，主角往往不问出身，以武力解决一切，目的简单明确，只在乎打斗场面的精彩和激烈。而进入21世纪之后，在市场经济的引导下，竞争意识逐渐深入人心，个性化和多元化成为大势所趋，真人秀的自我标榜成为社会文化的主流。与此同时，在现代生活的快节奏和高压下，无厘头式的休闲娱乐为大众所接受，游戏也随之变得简单、快捷。

综上可见，游戏规则的设计并非完全无拘无束的，而是受制于其所处的时代文化，玩家在现实社会种种不如意的积压之下，在时代价值观、时代文化的渲染

---

① 安德森，沙利. 数字游戏[M]. 长沙：湖南文艺出版社，2016.

和浸泡下，急需在虚拟游戏世界，针对现实社会无法解开的症结，去推翻和重构。由此，游戏规则的设置离不开对时代文化的解读及应用，唯有如此，才能更有效地吸引玩家群体，占据最大的玩家市场。

(2) 游戏的策划和美术

游戏的策划和美术关系到游戏以何种面貌和方式呈现在玩家面前，关系到它所代表、宣扬和传播的是一种怎样的态度和价值观念。策划和美术是游戏外显部分的设计，其对于游戏的最终呈现样态起着关键性作用。

在设计游戏之前，首先应对游戏有一个轮廓完整的大致构思。当然，游戏的一些细节不可能全部考虑周全和详尽，在构思阶段，一般只能确定游戏大致的设计目的、思路以及方向。游戏类型，画面表现方式，游戏所呈现的世界观、角色特点及游戏规则等元素都是一份完整的游戏设计方案需要涉及的。一般而言，需要将各项要素和要求——列在方案页，而后经过相关人员的讨论、推敲及商议，最终确定一份较为完整统一的游戏设计方案。固定类型的游戏有其相对固定的游戏乐趣和功能需求，所以游戏类型的确认，对接下来游戏的后续设计起到了基础性的作用，可以帮助设计者建立关于整个游戏的具体概念。对于游戏画面的呈现视角，在游戏构思环节也应确定下来。首先，从相同维度来看，可以依据不同表现诉求，将游戏画面设置为 2D 或 3D 画面。通常，休闲小游戏适宜采用 2D 画面，而高仿真游戏适宜采用 3D 画面。其次，从不同的角度，又可将 2D 画面视角分为平视角、正俯视角和斜 45°视角等。平视角多为 2D 横卷轴动作类游戏，正俯视角多为 2D 射击类游戏，斜 45°视角多为 2D 角色扮演类游戏。而采用 3D 活动视角的游戏有很多。

这里所说的世界观，指的是游戏中角色所处的虚拟世界结构和世界存在方式。游戏中的世界环境影响着整部游戏的氛围，如由"剑""魔法""森林"构成，属于仙幻类；由衣服、鞋子、化妆品构成，属于装扮类。根据游戏世界观的设定，可以继续选择和设定游戏的细节元素，如前所述，游戏规则在游戏中起着重要的主导性作用，是游戏大厦的地基，对于规则的设计应恪守简单、灵活、公平、权威等原则。游戏规则必须在设计方案中有明确表述，这是决定游戏是否有趣、生动，游戏设计是否成功的重要标准。

策划是游戏研发的关键环节，它统领着游戏设计、制作的后续工作。在游戏研发之前，策划的作用在于以最低的投入或最小的代价达到预期目的，让游戏吸引更多的玩家群体，获得更高的经济效益和社会效益；同时，运用策划技能、新颖超前的创意和发散性思维，对现有资源进行优化整合，以服务于整个游戏制作过程。值得注意的是，策划并不是一个人的工作，而是需要一个团队协同开展的工作，因为没有人能够精通各个方面，只有集思，才能广益。研发人员共同确定游戏风格及主要内容是一款优质游戏诞生的前提和关键。例如，程序员想做一款任务复杂的角色扮演类游戏，并将大量时间花在任务系统的设计上，而美术设计人员负责设计复杂的人物动作、画面呈现，如果两者对游戏的理解不能达成共识，美术的华丽动画在最终系统中将无法实现，时间、人力、物力均被极大地浪费掉了。游戏研发过程中的工作内容往往较为繁杂，造成对一些环节，如游戏的文字翻译、游戏中宝藏的布局等的忽略，而这种忽视有可能会让整个项目组的进展停滞不前。当然，游戏的所有内容不可能在最初阶段就考虑清楚，但是作为游戏的策划人，就有责任将想到的游戏细节以文档的方式记录下来并不断完善。根据工作人员的专长来分配游戏制作任务，有利于充分发挥各自优势，取长补短，在协同作战中，达到游戏价值和经济效益、社会效益的最大化。明确的责任划分，避免了重复和遗漏任务可能性的出现。在游戏开发过程中，总会出现各种大大小小的问题，如工作进度的混乱、游戏设计上的失误等。这就需要策划人员随时保持高度警惕，对每一个制作细节都要反复检查，在发现问题之后，及时提出，并由专门负责人予以改正，之后再予以检查确认。

2.游戏用户体验设计

由于游戏用户体验设计关注的是玩家在游戏过程中的体验感受，而体验传递原理正是玩家获得游戏体验的重要方式，因此本节将基于游戏体验传递原理，探讨游戏用户体验设计如何在游戏开发过程中发挥作用。不过在探讨此问题之前，我们首先需要知道用户体验设计的定义与目的、游戏用户体验设计师的作用与价值等。因为只有知道了这些概念，才能将用户体验设计有效地应用到游戏开发中。

（1）用户体验设计的定义与目的

从字面意思理解用户体验设计的定义时，我们可以将其拆分成"用户体验"和"设计"两个部分，其中"用户体验"又可以拆分成"用户"和"体验"两个概念，这里的用户是指产品的使用者，而体验是指用户在某个过程中形成的经验、情感和情绪的集合对其产生的心理影响。因此，我们可以认为"用户体验"就是"用户使用产品过程中形成的心理感受"。如果在"用户体验"后面再加上"设计"的概念，就可以将用户体验设计定义为"设计用户使用产品过程中的心理感受"。

既然用户体验设计是一种设计行为，那么就一定会有其设计目的，而设计目的正是确定设计方法，发挥设计价值的重要依据。所以为了让设计过程做到有的放矢，我们接下来先要确定用户体验设计的目的。传统的产品设计概念认为用户体验设计的目的就是"以用户为中心提升产品使用过程中的使用感受"。在这种理念的影响下，很多设计师认为"用户利益至上，追求极致用户体验"就是用户体验设计目的。他们认为用户体验设计师就是用户需求的代言人，应该不惜一切代价将产品的用户体验做到最好。但在实际工作中，这种做法最后导致产品的成本大幅提升，开发周期被无限拉长，并且可能导致产品目标无法实现。之所以会发生这种情况，主要是因为当设计师专注于维护用户体验感受时，就可能造成设计方案与产品目标相矛盾的情况出现。例如，当我们设计产品内置的广告页时，如果以用户体验为优先考虑对象，就需要为用户提供便捷的关闭设计，但这同样会导致广告的转化率下降，从而削弱产品实现盈利目标的效果。

因此，用户体验设计师作为开发团队的一员，首先应该对产品的开发结果负责，而衡量开发结果是否有效的关键指标是能否实现产品目标。所以当我们重新审视用户体验设计目的时，不难发现它必须是能够提升产品目标实现效果的。因此接下来，我们将以最常见的盈利性产品为例，来探讨如何正确地设定用户体验设计目的。

对于盈利性产品来说，用户体验设计的目的应该能够有效地提升产品的盈利能力。例如，在一手交钱一手交货的买断制商业模式下，由于产品满足用户需求的程度直接决定着用户的购买意愿，因此在同等条件下能够"以用户为中心"将体验做到极致的产品往往更容易获得消费者的青睐，盈利效果更好。但是随着免费模式的出现，盈利需求和用户需求之间开始出现了矛盾。例如，在免费游戏中，如果某件物品既可以免费获得也可以付费购买。当玩家需要这件物品时，优先提示哪种获取渠道就成为盈利需求和用户需求之间的矛盾点。在这种场景下，如果优先提示免费获取的方法就会降低付费的效果，反之则可能影响免费玩家的游戏体验。因此，设计师经常需要根据设计方案对矛盾双方的影响效果进行权衡，从而给出一个最佳的折中方案。通过这个案例我们不难发现：当商业模式变化时，"以用户为中心"的设计口号好像会误导我们对设计目的的理解。因此，为了更准确地定义用户体验设计的目的，就需要回归到它作为一种设计手段的价值本质：通过设计提升产品的竞争力。在不同的商业模式下这种价值本质是不会改变的，而提升产品竞争力的根本是实现产品的目标，因此结合用户体验设计的定义："设计用户使用产品过程中的心理感受"，我们认为用户体验设计的目的是：通过设计用户在使用产品过程中的心理感受，实现产品目标。

（2）游戏用户体验设计师的作用与价值

我们已经知道用户体验设计的目的是通过设计用户在使用产品过程中的心理感受，实现产品目标。根据游戏体验传递原理，我们知道游戏实现产品目标的过程是一个双向传递过程，即开发者从体验层到表现层的设计过程与玩家从表现层到体验层的体验过程。因此，如果用户体验设计师能够在这种体验传递过程中，通过设计用户的体验感受，有效地提升产品目标的实现效果，就能在游戏开发中发挥重要的作用。

那么用户体验设计师是否有机会设计用户的体验感受，从而提升游戏的产品目标实现效果呢？答案是肯定的。因为基于游戏体验传递原理，当游戏体验在多个设计层级间传递时，其体验效果一定会因为设计形式的转换而产生偏差，从而导致玩家体验感受与设计预期不符，游戏实现产品目标的能力下降。因此，如果用户体验设计师能够减少这种体验传递上的偏差，就能有效地提升游戏实现其产品目标的实现效果，发挥设计作用。基于以上思考，我们可以基于不同设计层级的特点，确定用户体验设计师能够发挥的作用。

①游戏用户体验设计师的作用。在游戏体验传递过程中，游戏的产品目标需要通过体验层、机制层和表现层才能实现。在体验传递过程中，体验传递偏差会造成产品实现其目标的效果下降。接下来我们将简单地介绍一下各个设计层级中是否会产生体验传递偏差，以及设计师如何避免这些偏差的出现。

体验层：体验层是衔接产品目标的关键设计层级，如果体验设计与玩家需求存在偏差，就会导致游戏实现产品目标的效果下降，因此开发团队非常重视游戏体验能否有效地满足玩家体验需求并引导玩家实现产品目标。在实际工作中，游戏用户体验设计师可以基于选择模型分析法，通过用户调研或可用性测试，收集玩家在特定游戏场景中的体验反馈，从而帮助开发团队分析游戏体验设计的效果是否有效。

机制层：从游戏策划的角度来看，游戏的机制是能够带给玩家有效体验的，但是从玩家的角度来看是否真的如此呢？答案肯定是不确定的。因为每个人在面对相同的规则时，所产生的反应是不同的，因此用户体验设计师可以跳出策划的游戏机制设计思维，从玩家需求的角度出发，反向思考游戏机制对玩家体验和行为的影响，从而协助开发团队判断游戏机制能否让玩家获得有效的游戏体验。

表现层：游戏的展示机制或规则有可能无法被玩家正确理解，从而导致玩家做出错误的决策，游戏无法实现产品目标。因此，游戏的表现层设计需要体现出"规则的易理解性"，而这种设计需求恰恰属于用户体验设计的易学性设计范畴。此外，游戏的操作方式能否让玩家高效地获得游戏体验，游戏的表现方式能否带给玩家有效的情感化体验也是用户体验设计师可以协助开发团队进一步优化的问题。通过前面的介绍，我们不难发现游戏用户体验设计师的作用就是基于游戏体验传递原理，减少体验传递过程中的偏差，从而提升游戏实现产品目标的能力。

②游戏用户体验设计师的价值体现。结合游戏项目特点、设计师的个人能力以及游戏行业的发展状态来看，游戏用户体验设计师的价值主要体现在以下5个方面。

将游戏内容准确且高效地传递给玩家：在大多数游戏开发中，游戏用户体验设计师需要将游戏策划设计出的游戏规则、游戏体验感受通过适当的设计方法，更加高效地传递给玩家。在这里设计师就像是一个语言的组织者，他用更为生动和精准的语言向玩家表达出准确的语义，从而让玩家能够正确地理解游戏想要传递给玩家的内容。

为游戏机制提供优化参考：有些游戏用户体验设计师会掌握一定的分析方法且拥有大量游戏经验。这些设计师可以基于游戏的产品目标，结合自身的游戏和设计经验，从玩家需求角度提出游戏机制上的优化建议。不仅如此，这些设计师还能通过可用性测试帮助游戏策划更好地找出游戏机制在体验方面的问题，从而更加客观地发现机制上的设计问题。

基于新平台创造更好的交互体验：游戏用户体验设计需求的爆发期一般都处

在新兴交互游戏崛起的初期。例如，网页游戏、手机游戏以及 VR 游戏兴起时，这些游戏都产生了大量的用户体验设计师需求。这是因为新兴的平台往往伴随着交互方式的改变，而这种改变使得原有的游戏交互方式无法适应新平台上的玩家操作需求。因此，当开发者在一种新的交互平台上设计游戏时，就需要用户体验设计师设计出符合平台操作习惯和游戏体验目标的交互方案，从而确保游戏体验符合预期。

为独特的游戏机制提供优质的交互方案：对于机制创新的游戏来说，用户体验设计师在游戏交互设计上依然能够发挥很大的作用，例如在某个游戏中很多操作设计并没有太多的参考对象，都是基于游戏机制的特点独创的，而如何将这些独创的游戏机制通过有效的交互形式展现给玩家，就是用户体验设计师的重要工作。

优化配置开发资源：在目标导向的设计理念下，用户体验设计师可以更加有效地将美术资源和技术资源分配到对玩家体验影响更强的游戏内容开发上，从而提升游戏开发资源的使用效率。例如，用户体验设计师可以根据游戏机制的设计和玩家偏好，来减少非关键界面的美术资源投入。这样不仅减少了美术设计人员的工作量，还可以减少游戏的加载次数，从而提升玩家体验的流畅性。

三、数字互动艺术

数字化时代下催生了多样化的艺术形态，各艺术形态营造了一个多元化的艺术生态圈，互动艺术作为艺术生态圈中的新艺术形态，倡导的是艺术与技术、艺术与文化、艺术与大众的交融创新。它的出现不仅是技术延展的体现，更是强调了艺术的展现方式和互动传播的形式。笔者试图基于数字化时代背景对互动艺术的互动性、技术性、艺术性和不确定性以及互动艺术的应用进行探讨，为互动艺术的后续发展提供启示。

尼戈洛庞帝（Nicholas Negroponte）在《数字化生存》一书中提出，计算已经不再局限于计算机本身，它已成为我们生存的决定性因素。当前，数字化、智能化等先进技术已经深刻地改变了我们的生活，涉及社会的方方面面。这种现象表明数字革命正在迅速发生并不断发展，同时也引起了艺术界数字化浪潮的兴起。随着数字革命的发展，艺术界开始与技术领域联系更加紧密。技术不再仅仅是艺术的支持，而是成为艺术创作不可或缺的一部分。因此，艺术也在数字化时代中不断发展、创新、改变。随着数字化时代的来临，出现了许多基于技术和艺术的数字化艺术形式，其中就包括互动艺术。互动艺术在各个领域中得到广泛应用，展现出多样化的艺术特性，形成了以艺术、技术和大众三者的互动关系为基础的全新格局。因数字化时代正在成为我们生活的重要背景，因此本书旨在介绍互动艺术的定义、特点和应用，并探讨艺术、技术和大众之间在互动艺术中的相互关系。

（一）数字化时代的概况

在工业时代和信息时代之后，迎来了新的时代——数字化时代。数字化是指基于数字技术进行各种相关实践的一种时代特征。[1] 数字技术的发展催生了各个领域的数字产品，这些产品通过数字化应用体现了当代数字化的特点。数字化时代与之前的工业时代和信息时代相比，具有更强的互联性，对人类社会的生产及生活方式带来了根本性的改变。随着科技的不断革新和技术的快速迭代，数字化时代涌现出了云计算、大数据、人工智能等前沿数字技术。这些技术的出现对全球各个领域的数字化转型产生了深远的影响。在此背景下，数字化时代为艺术领域的数字化转型带来了新的发展机遇和挑战。数字化艺术是指运用数字技术来创作、表现图像、视频等作品以创造审美价值的一种艺术形式。[2] 此类艺术形式包括数字影像艺术、互动艺术、虚拟现实艺术、新媒体艺术等。随着数字化时代的发展，艺术的表现形式已经从二维空间向多维空间转换，而数字技术的应用则促进了艺术数字化的可能性。数字技术为艺术带来了多种创新的表现方式，让艺术与科技在某种程度上相互作用、相互影响，产生更多有数字化特征的艺术作品。

（二）互动艺术的出现

互动艺术是一种富有创新性的艺术表现形式，不仅包含了观众参与，还涉及创作者与观众共同合作完成的过程。这种形式的艺术作品在欣赏过程中能够引发观众的情感共鸣，并且能够创造出独特的艺术体验。艺术家杜尚（Duchamp）认

---

[1]　陈霖. 数字时代的艺术：构建城市感知的界面 [J]. 探索与争鸣，2021 (8)：130-140；179.

[2]　卢正昕. 数字化时代下城市公共艺术发展研究 [J]. 艺海，2018 (1)：88-89.

为，艺术创作不能由一个人独自完成，单独的作品也不能代表完整的艺术，因为作品的完整性需要观众来参与和塑造。通过深入解读、研究和接触艺术作品，观众成了作品完成的重要组成部分。互动艺术试图打破传统创作者与观众之间的边界，通过空间的运用探索作品和观众之间的关系。观众成了创作者的合作伙伴，通过物理媒介的使用来影响参与者对作品的感知，这也是互动艺术输出最强有力的结果。装置艺术需要借助计算能力来掌控参与者的反应并加以呈现，也因此一件互动艺术作品如若没有观众或参与者的参与，便无法被视为真正的互动艺术。随着技术的进步，互动艺术得到了更广阔的呈现空间。通过将创意理念与数字技术传播手段巧妙结合，利用互联网技术和多媒体技术打造多层次的互动体验，使互动艺术成为一门综合性的艺术形式。通过信息技术的运用，互动艺术已不再是一种仅仅注重表面演示性的艺术形式。现在，它可以通过声音、图形、图像、触感等多种丰富的形式进行表现。这种艺术创意与技术的结合，在参与者的行为互动推动下，创造了全新的艺术产物。互动艺术是一种非传统的艺术形式，它旨在打破传统艺术的限制，让观众通过与作品互动获得更为丰富的艺术体验和感受。相较于传统艺术形式，互动艺术更注重与观众之间的沟通和交流，让观众在参与的过程中获得一种多维度的主观意识和感受，从而打破二维平面的束缚，探究作品与观众之间原始关系的转变。这种全新的艺术形式为艺术生态带来了新的活力，其独特的探索性、奇异性和多变性悄然进入了公众的视野，创造出了多种将艺术和科技结合的可能性。

（三）互动艺术在数字时代下的特点

随着数字化时代的到来，互动艺术借助数字技术，创新地展现了数字化艺术的多面价值。互动艺术的新形态以互动性、技术性、艺术性和不确定性为特色。

1.互动性

互动艺术的核心在于参与者与作品的互动，也就是指人与人或人与物之间的相互作用。这种互动不仅涉及我们身体上的行为反应，更包括了我们内心的情感和心理反应。在《中国大百科全书·社会学》中，互动被定义为自我互动、人际互动和社会互动三个阶段的有机组成部分，这其中包括了交互式展品和多媒体技术等元素。在互动艺术领域，一个优秀的作品的创作成功与否取决于互动操作的流畅性和深度。同时，作品中存在阶段性互动作品和最终参与者完成的终极互动作品之间的互动联系。这种互动模式是互动艺术核心能力的体现。埃德蒙兹（Edmonds）主张艺术家应关注互动艺术作品的展示方式，以及作品与受众之间的互动方式。他强调作品应该能够引导受众进行交互，从而实现双方的互动。Ant Farm艺术团队为了展现对美国汽车的敬仰，策划了一个公共艺术作品"凯迪拉克农场"，他们用10辆经典凯迪拉克轿车，将其以特定角度插入沙漠中，并邀请游客随意涂鸦。这个作品吸引了许多游客前来参观，他们拆下汽车的零件作为纪念品，同时提供了某种独特的创意。这是一个涵盖完整交互性过程的创作与反馈过程，由创作者建立作品后，参与者重新认知作品并进行解构，进而展示了互动性艺术的独特表现；同时，互动性艺术所具备的特质也成了作品输出理念的重要参照。

2. 技术性

在数字信息时代，互动艺术更加注重将艺术与技术相融合。互动艺术借助信息技术，将艺术家的创意转换为可表达他们思想的形式，实现了美学和技术的融合，从而将信息技术变成了一种可供表现的艺术方式和手段。[1]计算机输入输出设备是人机交互技术的代表，对于艺术作品的形式以及参与者与作品之间的互动流畅性起着至关重要的作用。胡介鸣是中国数字媒体和录像装置的开创者之一，他创作了一件多媒体装置作品，名为《向上、向下》。这件作品展示了一个红色人形在堆叠的电视图像上不断攀登的场景。当外界发出声响时，攀登者会根据声音的强度、时长等因素做出不同的反应，如加速或减速等。这件作品使用传感技术装置感知外部环境，然后将信号传输至计算机进行处理。这使得作品能够产生相应的运动，与观众进行互动。作品的灵感来源于勇敢者游戏，它传递了创作者的创作理念，并通过参与者与作品互动的方式，表达了他们的思想情感。这种艺术与观众之间的互动，实现了大融合，使艺术能够在观众的世界中真正生根发芽。这说明科技在优秀互动艺术作品中的作用非常重要。它使得互动艺术作品呈现更多样化的形式，每个参与者都可以与互动装置建立联系，产生独一无二的艺术作品。这也让互动艺术作品呈现出独特的结果，产生无法预测的效果，从而让艺术创作更富创意。

---

[1]　颜成宇，孙博. 新媒体艺术中数字交互艺术形态的相关研究[J]. 艺术大观，2020（35）：137—138.

3. 艺术性

互动艺术的艺术性体现在信息交流的表现形式上，其中包含着独特的审美理解和美学观念。作品的呈现形态及创作者与参与者的互动，都是互动艺术的重要部分，这些因素构成了艺术作品的艺术性。美无处不在，它贯穿生活的方方面面，是人们对生活的感悟与追求。美的呈现方式多种多样，最典型的就是通过艺术来表现，从而使人们产生舒适、独特的感受。互动艺术基于艺术家独特主观体验的创作方式，将数字虚拟展示与实际艺术形式结合起来，同时融合了参与者的感受，形成一个创作者和参与者共同分享的空间，构建出虚实交织的美学景观。优秀的互动艺术作品，展示了传统艺术的演化和发展，创造出了新的艺术形式。费俊是一位来自中国的新媒体艺术家，他联合创作团队策划了一件互动艺术作品《睿·寻》，该应用程序基于地理位置，并利用了增强现实扫描技术。在威尼斯，人们可以通过 App 寻找到 25 座中国桥梁，这些桥梁与当地的桥梁形态相似，通过相似之处的关联，展示了文化共性和地域差异性。在线虚拟空间中，参与者可以使用"桥"连接到其他"世界"，"桥"可以协助参与者克服困境，同时也象征着桥的另一侧是一个充满未知的世界。这是互动艺术魅力所在，它通过桥这一媒介帮助参与者体验、观察并理解信息丰富的世界观。互动艺术消除了传统艺术主体与客体之间的单向传播形式，并将虚实相合的美学理念融入其中，引发人的深刻思考。

4. 不确定性

互动艺术是具有不确定性特征的，因为同一部互动艺术作品，不同观众的参与和不同时期的参与都会呈现出不同的作品效果。当艺术家创作一件互动艺术作品时，由于观众在不同时期对作品的理解和审美有所偏差，因此作品呈现的效果也会随之变化。艺术家运用作品进行无目标的引导，根据可控参数范围让观众根据个人理解做出不同的反馈行为，在不同的参与者或参与时间下表现出多样化的行为结果，这样使得作品具有多样性和不确定性。比如，《Metamorphy》这件互动投影艺术作品，借助数字影像和镜面反射技术，呈现了一个虚拟空间。参与者可以通过触碰和推动装置，实现形态变化和声音共鸣，而这些变化都是根据参与者的力度、运动轨迹和艺术家的设计而实现的。每一个参与者都能体验到独特的视听效果，因为每次互动都会产生不同的虚拟影像。这个装置既能引起观众的视觉和听觉感官的强烈共鸣，还能激发观众对它的好奇心。观众永远无法预测下一次尝试会带来多么令人惊叹的视觉效果，因为每次尝试都会呈现出不同的声音和美丽的景象，同时它本身的特点也被保留下来了。互动艺术作品的独特之处在于，可以呈现出无数个视觉图像，因为它的不确定性使得创作过程充满了无限可能。

（四）数字化互动艺术的应用

互动艺术作为一种新型艺术，被广泛地应用到多个领域中。

1. 公共领域中的数字化互动艺术

公共领域内的互动艺术应用已经十分普遍，这种艺术形式在科技馆、博物馆、行业展馆和主题展馆中得到广泛运用。这类作品在少量的物理空间内提供了丰富的感官体验，观众可以使用多种技术（如人脸识别、自然语言处理、手势识别等）参与创作。这些技术可以改变作品的图像、视频、颜色和音频，让参与者在这个开放且随意的创意平台上进行交流和创作。比如，在 2015 年的米兰世博会上，来自日本的团队 teamLab 创作了一件名为《共存》的作品。它通过睡莲状的屏幕投影，展示出了一片活力十足且色彩缤纷的稻田。伴随着蛙声，稻穗在微风中轻轻摇曳，仿佛将观众带入了一个真实的夏夜田野。而观众可以随着自己的步伐探索这片"稻田"中更多的秘密，整个作品呈现出如梦如幻的仿真自然场景。teamLab 旨在创造一个让参与者可以沉浸在"稻田"美景中的体验式艺术作品。此外，该团队还制作了另一件交互艺术作品名为《多样》，其呈现为一个可以全方位观赏的"瀑布"，旨在向人们传递大量与日本饮食多样性相关的信息。参与者可以通过触摸沿着圆柱瀑布而下的图片，在巨型瀑布上查看信息，并将它们传送到自己的智能手机上。互动艺术通过将声音、光线、影像等元素进行有机融合，让观众完全融入作品之中，从而深刻体会作品所传达的力量以及艺术与科技相结合所具备的吸引力。

2. 游戏领域中的数字化互动艺术

通过互动艺术将游戏转化为互动游戏，无论从游戏故事情节设定还是游戏方式的呈现，都给玩家带来了全新的感受。由于互动游戏是沉浸式的，因此玩家更容易投入游戏，并获得更精彩的游戏体验。互动投影桌游是一种基于互动艺术的多人互动游戏，玩家可以在桌面上进行多点触控操作，与投影画面进行游戏互动。该类游戏从画面到音效都非常逼真，让玩家沉浸其中。互动桌面投影游戏作为游戏内容的载体，促进了游戏类型的多样化，同时还支持多人同时参与，大大提升了游戏的乐趣和体验。此外，便携式手游也备受欢迎，玩家能够在设定的环境中感受到游戏的真实性，增强游戏的乐趣。互动艺术的出现为游戏形式带来了新的拓展和提升，不论是装置类型的游戏还是便携式的手游，在与互动艺术相结合的过程中，将会不断发展。

3. 商业领域中的数字化互动艺术

在商业领域中，互动艺术将创意与品牌相融合，不同于传统广告形式，它可以提升品牌的黏度，让消费者从被动接受单一广告信息的状态转变为主动接受多样化信息的状态。在参与品牌推广的过程中，消费者会不经意地增加对品牌的认同感。同时，创作者可以通过作品传达品牌的文化和理念，这种融合式的广告宣传比传统广告更加深刻和真实。2019年上海书展期间，在上海静安区的嘉里中心呈现了一个全新的阅读空间，该空间的设计以图书为灵感，展现了一组环保材料制作的互动艺术装置系列。这个作品在以书籍为基础的基础上，加入了绿色设计概念，将趣味性和环保意识融入其中，以此吸引消费者的参与。作品的最终目的是回归书籍本身，呈现出一种更加综合的体验。除此之外，上海书展还展示了一座睡眠图书馆。该图书馆以多种形式，如"睡音乐""睡阅读"等装置引导观众以多种感官进行互动，打造出一个多维度的新型互动读书场所，旨在推崇将阅读融入美好生活的理念。观众通过参与这种互动艺术作品，深刻地体验到了独特的感受，同时也接受了作品所要传达的理念，这是一种双向互动的过程。互动艺术不仅是科技发展的产物，更是为大众参与艺术提供的手段。互动艺术可以让艺术更加接近群众，使得人们更容易融入艺术之中。

（五）对数字化互动艺术的未来展望

互动艺术是将艺术与科技相融合诞生的一种艺术形式。尽管艺术和科技彼此看起来截然不同，前者致力于追求美，而后者则专注于探寻真理。而现今，许多艺术作品都与科技密不可分，它们之间存在着紧密的联系。随着科技与艺术的结合越来越紧密，互动艺术作品变得愈发成熟并受到广泛认可。然而，这种结合也带来了一些限制。在数字化的时代，有些创作者缺乏针对性地运用科技手段，导致缺少对数字技术与艺术媒介之间的关系的思考。有些作品只是简单地运用重复和叠加数字技术，而忽视了创作的初衷，导致作品理念混乱，缺乏重点和层次。

在日本，有设计师主张留白的设计思想，即在创作互动艺术作品时，不要过于追求完满和丰富，适当的留白有时能给作品带来出人意料的惊喜效果。互动艺术的初衷是通过留白促进参与者主动思考，并实现双向交流。只有当艺术、科技和参与者之间产生化学反应时，才能创造出打动人心、吸引人的互动艺术作品。因此，笔者对于互动艺术后期的发展从内容和形式上进行了以下展望：

首先，在内容上充分融合传统文化与互动艺术，充分利用传统文化的独特艺术性和多样性，打造一个文化与互动艺术紧密结合的创作空间。通过互动艺术的形式，让观众了解中国传统文化，并在参与交流互动的过程中产生对传统文化的认同感。

其次，从目前的趋势来看，互动艺术更偏向于制作大型或中型的装置艺术品，这在场地和时间上都有一定限制，会使参与者的互动体验受到一定局限。为了让互动艺术更加亲近参与者，可以采用微型互动装置设计。这样的设备可以提升互动装置的用户友好性和主动性，方便参与者随时随地与作品交流互动。这种做法有助于推动互动艺术多元化的发展。

经过对先前互动艺术设施作品特点和用途的研究，我们发现互动艺术是一种以互动理念和技术为核心的新兴媒介艺术形式，其特点在于能够对观众或环境作出反应。在数字化时代，互动艺术以全新的方式呈现，不再局限于传统的二维平面方式，而是通过多媒体与交互的形式拓展了创作的范围与维度。这种艺术形式打破了观众与艺术作品之间的边界，激发了观众的灵感，也让观众更加深入地理解了艺术表达的多样性和复杂性，从而拓宽了他们的审美意识和情感表达的方式。数字技术为艺术家提供了一种新的手段，使他们能够以互动艺术形式表现作品，并以更加高效便捷的方式传递文化内涵和审美价值。在未来的互动艺术创作中，我们需要更加深入地思考艺术、科技和参与者之间的相互作用，以此来创作出与当前艺术形态相适应的作品。

四、虚拟现实艺术

（一）虚拟现实艺术交互设计的概念

虚拟现实艺术是伴随虚拟现实时代来临而应运而生的新型数字媒体艺术门

类，虚拟现实艺术以虚拟现实（VR）、增强现实（AR）等人工智能技术作为媒介手段加以应用，其贴合于虚拟现实技术的发展脉络。

虚拟现实技术是 20 世纪中后期发展起来的一门全新的实用技术，它也被称为灵境技术。虚拟现实技术是集计算机技术、仿真技术、电子信息技术于一体的新兴技术，其基本实现方式是通过使用计算机及虚拟现实设备模拟出虚拟环境并将人放置进这一环境，从而带给人沉浸式的体验。随着科学技术及社会生产力的不断发展，虚拟现实技术对于各行各业的影响也越来越大。同时，虚拟现实技术的兴起，为人机交互扩展了数字化呈现形式，也为各类工程中的各种数据可视化提供了一种新的描述方法。

虚拟现实技术作为新时代数字媒体的代表技术之一，它的兴起与发展给数字媒体注入了全新的血液。虚拟现实技术的介入推动了数字媒体向更高的维度拓展，并且促进了其他数字媒体种类的不断发展。与此同时，数字媒体也为虚拟现实技术提供了技术条件，数字媒体包括了诸如场景设计、多媒体后期处理、传感器技术、立体现实技术等多种技术门类，综合处理文字、声音、图形等信息，虚拟现实技术作为数字媒体的一个分支，基于此类技术发展而来。

（二）虚拟现实艺术交互设计的特性

1. 沉浸性

沉浸性是虚拟现实艺术交互设计最主要的特征，又被称为浸入性，意思是让受众的各项感官完全置身于虚拟世界中，让受众产生自己正处于这个世界的错觉。虚拟现实艺术交互设计的沉浸性取决于受众的感知系统，当受众察觉到来自虚拟世界的刺激，如视觉、触觉、嗅觉、味觉等，便会产生思维共鸣，从而产生心理沉浸，感觉自己仿佛进入了真实世界。

2. 交互性

交互性同样是虚拟现实艺术交互设计的一项主要特征。虚拟环境需要对受众的所作所为进行实时有效的反馈，即在虚拟现实系统中配备跟踪输入设备，通过这些设备给予受众准确且真实的反馈。根据这些反馈，受众能及时根据变化做出改变从而取得想要的效果。此外，通过这样的方式受众中能够对虚拟环境进行直观的评价。

3.多感知性

多感知性代表虚拟现实艺术交互设计不仅有一般计算机所具有的视觉感知，在此基础上还具有视觉、触觉、嗅觉、味觉等感知。在理想情况下，虚拟现实艺术交互设计应当具有人所具有的所有感知功能。然而，目前绝大多数的虚拟现实艺术交互设计所具有的感知功能仅拥有视觉、听觉、触觉。

4.自主性

自主性指虚拟现实艺术交互设计中的物体应当遵循真实世界的物理准则。例如，当虚拟物体受到力的推动时，物体会顺着力的方向移动，如倾倒或掉落等，同样物体也应当受到摩擦力的影响，否则虚拟环境中的物体就会像处于非自然的时空中，从而丧失真实感。

5.临场感

临场感指处于虚拟环境中的参与者，将所属的虚拟环境中的所有物体及周遭环境视为真实存在的而并非虚构的临场体验。

第三节　数字媒体艺术的主要内容

数字媒体艺术的主要内容表现在数字媒体艺术的历史沿革、数字媒体艺术的传播模式、数字媒体艺术的审美特征等方面。本节将从这几个方面对数字媒体艺术做深层次的剖析，以期在此基础上对数字媒体艺术的发展有所助益。

一、媒体与艺术的表现形式变迁

媒体不仅仅是记录事物发展的工具，它也与周边环境的变化、人文历史、语言、考古、艺术、建筑等生活密切相关。媒体的职能是展示当下的物质文明、个人主观意识和精神文明。艺术是为了追求优质品质以及提高生活素养而存在的。在美学领域中，我们更能了解素质的含义，即如何将对象画得精美、逼真。

媒体视觉所运用的艺术手法主要聚焦在美术造型的基本层面。然而，在追求高水平的艺术创作中，需要展现完美的形态，塑造独特的艺术形象，并能够生动地传达其中蕴含的深刻思想和情感。文森特·威廉·梵高采用印象主义的表现方式，比如在《星月夜》中使用点彩手法，以此来呈现他的情感和内心感受，他的代表作品包括《星月夜》《向日葵》和一系列自画像等。他在绘画中的每一笔每一画都是他对生命的热爱，蕴含了他对生命中所有意义的表达。梵高的《向日葵》等一系列作品，通过每一种色彩、每一笔线条的精妙描绘，真实呈现了他对于生命的强烈感受和独特的自我表达，展现了他丰富多彩的内心世界。

数字媒体经过了从模仿、借鉴到创新的演进，随着时间的推移，数字媒体开始瞄准了传统艺术的再创作，同时不断吸收、借鉴和融汇国外先进文化。表现创造力的方式包括引用、自我改进、自我学习和欣赏，这些步骤对于新兴产业的成功来说至关重要。

展现北宋时期汴梁城的繁荣景象的古代中国绘画作品《清明上河图》采用精细的工笔技法，并以静态的呈现方式生动地描绘了城市的繁华景观。现今，我们通过使用各种媒介手段，对这部经典作品进行重新演绎和现代化改编。数字媒体技术赋予了《清明上河图》全新的表现形式，使得这幅静态的画作变身为一幅生动而具有历史感的动态长卷。借助动态媒体，我们可以身临其境般地感知信息，从而更加深度地领悟其内涵，并触动我们内在的情感共鸣，达到主义美学所提倡的直击人心的效果。

接受主义美学强调的是通过创造和传承来进行革新和进步，而不是简单地效仿或模仿。艺术的概念在当今媒体化的社会中已经被拓展和超越。我们旨在以实用的方式呈现非物质主义思想，即通过创作诱发人们共鸣、激发思考、促进智力发展或带来精神上的意义，以实现我们的目标。

二、数字媒体艺术的探索

人类的交流方式已经历经数千年的变迁。从古代苏美尔人使用泥堆画描绘人物形象和符号，到埃及人在金字塔石壁上雕刻图案，再到现代人们随时可用的电视、手机和平板电脑，表达和沟通方式都在不断地进化和改变。从过去的渡船到现今代表性的游轮，它们不只是提供方便的交通工具，更展现了随着时间推移人们审美和思想观念的转变。随着时间的推移，信息传递方式从依靠人马传递到现代社交媒体平台，如 QQ、微博、微信等，这种变化展示了技术和审美的不断提升。

数字媒体艺术呈现的方式与以往有所不同，它可以在计算机上集中播放、相互转换和交互运用图片、文字和短片，实现全面的控制。这种表述方式更符合时代发展步伐，能够延续、传递和传承其内涵。

例如，在一期新闻节目中，一个濒临失传的烫发手艺成了热议的焦点。目前，很少有人熟知传统的火钳烫发技巧，尽管无法完全阻止其消失，但媒体报道仍能够在一定程度上宣传和弘扬中国文化。数字媒体艺术的迷人之处在于，它能够将那些默默无闻的手工技艺和纯天然的美丽呈现在观众的眼前。

三、数字媒体的传播模式

人们的学习、工作和娱乐方式在数字技术日益发展的推动下不断转变。数字媒体是通过计算机和网络，在以比特为基础单位的基础上，进行信息传播的。这种方式改变了传统大众传播的互动方式，对信息的构成、结构、传播过程、传播方式和传播效果、传播者和受众之间的互动方式产生了影响。数字媒体指的是一种利用数字电视及网络技术，在互联网、宽带局域网、无线通信网和卫星等多种途径下向用户提供丰富多样的音频、视频和语言数据服务，以及综合信息和娱乐服务的传播方式。用户可以在电视、计算机、手机等终端上享受连线游戏、远程教育等服务。与早期的大众传播模式、媒体信息传播模式相比，数字媒体传播模式有其独特的优势。

（一）大众传播模式

传统的大众传播模式，是一对多的传播过程，由一个媒介出发到达大量的受众。这个循环模式是根据奥斯古德（Osgood）的技术而设计出来的，由施拉姆（Schramm）发明。施拉姆在他的文章《传播的运作方式》中，首次提出了这一崭新的过程模型。这种模式着重强调了信息传递是一个循环过程。这个观点指出，信息传播是一种相互作用的过程，它促使双方建立了反馈的机制。此外，它还消除了之前单向直线模式的限制，更加注重双方的相互转化和交流。它的出现颠覆了传统的单向线性模式的垄断地位。但这种模式存在一个缺陷，即不能精确反映传授者与接受者之间地位水平的不同。在实际情况中，传授者和接受者的地位很少是彼此平等的。虽然这种模式可以很好地展现面对面交流的特质，但它无法被广泛传播应用。

（二）媒体信息传播模式

1949 年，信息论创始人、贝尔实验室的数学家香农（Shannon）与韦弗（Weaver）一起提出了传播的数学模式。一个完整的信息传播过程应包括信息来源（source）、编码器（encoder）、信噪（message）、通道（channel）、解码器（decoder）和接收器（receiver）。其中，"通道"就是香农对媒介的定义，技术上体现为铜线、同轴电缆等。

（三）超媒体传播模式

范德比尔大学的两位工商管理教授霍夫曼（Hofmann）与纳瓦克（Newark）提出了超媒体的概念。霍夫曼认为，以计算机为媒介的超媒体传播方式延伸成多人的互动沟通模式；传播者与消费者之间的信息传递是双向互动的、非线性的、多途径的过程。超媒体整合全球互联网环境平台的电子媒体，包括存取该网络所需的各项软、硬件。此媒体可实现个人和企业两者以互动方式存取媒体内容，并通过媒体进行沟通。

（四）信息论的数字媒体传播模式

超媒体传播理论是学者第一次从传播学的角度来研究互联网等新型媒介。基于这个前提，传媒学者提出了一种数字媒体传播模式，该模式完全尊重信息论原则。就技术层面而言，它是由计算机和网络构成的主要组成部分。相比传统广泛的传播形式，它具备更加独特的传播应用优势。数字媒体传播模式中，计算机扮演了信息来源和接收器的双重角色。因此，信源与信宿的角色可以相互转换。这种变化相对于过去广泛使用的传统媒体，如报纸、电视、广播等带来了明显的创新和改善。

1. 信号、比特与信息

在数字媒体的传播方式中，比特流指的是用于传输信号的形式。无论是文字、图片还是声音等各种形式的媒体信息，都需要通过编码的方式将其转化为比特流的形式。虽然信息媒介的编码要求不尽相同，但它们最终都要被转换成比特流。在这一传播方式中，比特流所携带的信息可以包含媒体内容本身，如文章、图片、视频等，同时也可以是文字、图像、视频等元素的组合。比特流可以表示各种类型的数据，包括文字、图像、视频和音频等。这些"标题"或"指示符"被用来指引特定的媒体或混合媒体信息，以清晰地说明所引用信息的内容和特点。超媒体是一种特殊的数字数据流，其主要功能在于链接和引导。数字媒体传播的显著特征之一是超媒体的大量涌现和广泛应用，这一特征打破了被动接收信息的模式，激励人们积极主动地探索信息并参与其中。

2. 编码与译码

声音和图像的信息都是以不间断的模拟信号形式存在的。将模拟信息转换为比特流的过程，实际上是根据特定的协议或格式进行编码。码字是一个包含 8 个比特的单位，也就是通常所说的一个字节（byte）。解码（decoding）是编码的逆过程。在此过程中，我们使用相同的方法将比特流转换为媒体信息，同时也清除了传输过程中携带的噪声。因此，比特流或字节码由包含信息码和控制码两个组成部分构成。在信息传输过程中，信息码扮演着传递真实信息的角色，而控制码则负责管理比特流的传输，确保信息能够顺利传输。

3. 网络与信道

数字媒体最适合传播的渠道应该是一种带宽充足、可以高效传输大量数据的快速网络通道。一些网络只支持点对点通信，而数字媒体传播则可以通过多个中转点进行传递。我们可以将计算机比作分布在世界各地的建筑或房屋，而网络则类似于连接这些地方的道路，它们的形状、大小和速度均不同。网络上多台计算机（信宿）可以同时接收来自某台计算机（信源）的比特流。在这方面，这个过程与广播电视的双向传播相似。

4. 信源与信宿

数字媒体传播模式涉及的源和目的地都是计算机。数字媒体传播具有相互转换信源和信宿位置的灵活性，这是数字媒体传播的一个明显特征。它使得数字媒体传播较之传统的大众传播方式（如报纸、广播电视等）发生了深刻的变化和革命。数字媒体传播与广播电视的最大不同点在于，数字媒体传播中的每个信息接收者都有可能成为信息的传播者。虽然它们的规模和信息质量各不相同，但它们的核心功能是可以进行比较的。如同上一部分所探讨的，正向传播通路和反馈通路之间存在不均衡的现象，但这种不均衡可以通过数字化传播手段加以纠正。这将完全革新信息传递的方式、工具和成果。数字化传播媒介的兴起对艺术形式的创造和表达方式产生了深刻的影响，为艺术界带来了更为广阔的天地，促进了艺术的多样化和发展。归纳而言，就是达成个人自主。我们曾经谈到，数字媒体的独特之处在于它的数字性和非物质性，这是它的艺术特征所在。数字媒体是由比特或字节组成的，而非由分子或原子构成。数字媒体的虚拟世界是由比特这些最小单位以各种排列组合而成的。在虚拟世界中，"基本粒子"的定义与现实世界中的略有差异。根据尼采的学说，比特没有具体的外观或重量，但它具有在虚拟领域中呈现出各种形式的能力。由于比特作为最基本的单位，因此我们可以把由比特所构成的虚拟世界称作数字化世界或非物质世界。这个虚拟世界和我们所熟悉的现实世界存在一些不同之处。在《非物质社会》这本书中，马克·迪亚尼（Marco Diani）运用"以计算机和互联网技术为基础的社会范式"来描述当今社会的发展趋势。数字媒体艺术以数字化和非物质属性为主要特征，对传统艺术的产生、保存、传播、展示和欣赏等方面产生了深刻影响。最显著的变化在于艺术已超越传统的物质属性限制，因此在时间和空间上拥有了更大的自由度。无论是在程序设计还是艺术创作方面，都有着巨大的成长空间。

四、数字媒体艺术的审美特征

（一）数字媒体艺术的文化价值

随着时代的变迁，媒介也会不断发展，以迎合不同的时代要求。媒体更新可能是因为外部技术条件发生了变化，如摄影技术的不断进步。另外一种说法是：除了外在的资源和技术，人们的内在成长也可以成为一种潜在的来源。以欧洲人研究亚麻仁油作为颜料溶剂为例，这种精神上的转变源于对人文主义思想的渐渐接受。

相对于传统艺术，数字艺术最大的特点是运用了全新的媒介，其中数字媒介所占比重更是不可忽视，并且其受到互联网影响的程度更为显著。尽管互联网是技术的产物，但它的含义超越了单纯的技术意义。基于个人电脑构建的网络空间，形成了一种现代个体文化，这种文化与传统的群体文化有所不同，它倡导民主自由，鼓励创造和突破常规，摒弃传统束缚，强调独立自主和自我实现等价值观。这为个人创造了一个安全和自由的环境，在这种情况下，个人可以自由地展示自己的特点和思想，超越社会文化的束缚和限制，与他人平等地交流和沟通。在这样一个自由创作的环境中，创作出的艺术作品自然会散发出自由的气息。在这个范围内，人们可以自由地接纳或欣赏各种数字艺术作品，毫无约束。数字艺术作品具有很高的社会文化价值，因为它们似乎没有受到时间、空间、现实或虚拟环境的任何限制。

随着数字艺术的崛起，人们对艺术的感受方式发生了变化。与传统的艺术形式不同，数字艺术没有历史背景的束缚，因此呈现出全新的艺术魅力。随着传播媒介的不断更新，数字艺术的文化功能也在不断变化。我们过去是从观者的角度欣赏艺术，当时的艺术品主要被宫廷、美术馆和贵族视为珍奇之物。但现在，艺术已经转变成了一种参与性的体验，普通大众开始收藏艺术品，艺术融入了人们的生活。

网络上的互动性使人们难以预测艺术作品的最终样貌和结果。借助计算机和网络技术，人们可以自行欣赏艺术品的部分细节，但这些体验都只是虚拟的。随着时间的推移，人们逐渐转向在电脑屏幕上获取信息和欣赏文艺作品，而不是局限于电视和广播。随着社会的进步，艺术品的表现形式越来越不局限于物质实体，从书籍到电子再到数字时代，艺术范式不断变化，使得个人的创作自由度也越来越大。而随着数字艺术的兴起，独立非主流文化正在对主流文化发起挑战，传统艺术的形式则可能面临衰退的风险。在这一全新的历史背景下，文化的作用与意义也得到了重新定义。

数字媒体艺术正在通过网络以文化的形式进行全球范围内的现代化挑战，对于人类社会的生存方式带来了新的道德规范和文化方向上的考虑。我们需要深刻理解新媒体的技术特点，并从人性和文化角度去理解它们的内涵，以便在与它们互动的过程中创造出新的艺术体验。

（二）数字媒体艺术的美学理论

从 1960 年末到 1970 年初，美学思潮在联邦德国开始兴起。姚斯和伊泽尔提倡接受主义美学，认为我们应该关注艺术品被接受的过程，并重视接受者对艺术品状态和审美体验的感知能力。我们可以采用多种阅读、调查和研究方法，以探究创作者、受众和作品之间的变化关系。

随着网络的快速发展以及数字媒体艺术的兴起，接受主义的思想得到了人们的广泛的认同。中国传统艺术在数字媒体艺术的呈现下，得到了更广阔的展示平台和更为多样化的表现方式。数字媒体艺术被各种载体所接纳，因此能够在多种艺术领域中发挥作用，促进它们的发展、延续和传承，成为一个综合性的多功能艺术平台。它能汇聚各式艺术思想观念，并融合成一种新兴媒体艺术美学风格模式。①

为了不断推进数字媒体艺术的发展，我们需要依托于不断进步的社会主义社会和先进的硬件软件技术，而数字媒体艺术本身起源于美学领域的发展和影响。美学的积淀对于该事物的发展和进步至关重要，因为它能够帮助我们不断提升自我认知。接受主义美学思想的接受是源于我们身体内部做出的生理决策，如果我们没有深入思考和自主决策的能力，仅仅是机械地使用毫无实际意义的词语来做出评判，那么我们就无法准确地定义美、形成共识，只能在生理和生物基础层面停滞。

数字媒体艺术，如电影制作，需要在策划初期就考虑人物形象塑造、剧情构思和场景设定等方面。电影的呈现形式是多元化的，但是最基础的一点是必须有情节的融入，这样才能延伸出一系列场景来，这些场景需要与情节相互配合，进行烘托。要实现数字媒体艺术的理想效果，需要在整个过程中全面参与，包括解释文本、调整拍摄内容、筛选和渲染影像等。在创作电影时，剧本和影像的处理方式都是决定电影类型的重要因素，因为它们共同构成了电影的情节、视觉效果和情感氛围，这会让电影呈现出伤感、浪漫、恐怖或者幽默等不同的类型。因为观众的观影背景和个人意见不同，所以对这部电影的评价也就存在着很大的分歧，类比于柏拉图式的恋爱在大众中也存在着不同的反应。数字媒体艺术的美学理念是一个抽象的概念，它无法被具体的物质形式所呈现，只能通过情感和心灵的感受来展现。因此，理解数字媒体艺术的美学理念需要仔细思考和深入感悟。创作艺术作品时，人们通过表达自我，从中获得心灵上的愉悦和欣赏，并与观众产生共鸣，这便是美学价值的体现。

美学是一门极富深度和广度的学科，它不仅需要对哲学方面的问题进行探讨，还需要从心理学的角度进行深入了解和研究，以全面理解美的本质和表现形式。

---

① 王振兴，韩凌玲. 解析中国新媒体艺术的文化特征[J]. 绥化学院学报，2007, 27 (2): 190-191.

它研究的是人们识别内在状态中真实和虚假的能力。换个表达方式，就是能够明确辨别真实生活经历和艺术作品的虚构元素，确保实虚分明。[①]

只有全身心地投入美学和审美，真正深入了解真假之间的区别，并沉浸于电影和电视剧情节的发展中，才能真正领略故事中的冲突和起伏，感觉到其中的甜酸苦辣，并获得独特的审美享受。这对于艺术品的创造以及艺术音乐和艺术品欣赏都具有至关重要的意义。

审美是人类和许多其他生物追求美好事物的基本方式，是一种镶嵌在我们脑海中的独特信号，驱动着我们对美的追求。就艺术家而言，他们会以自我意识为驱动，创造出那些充满生命力和承载自己意识价值观的艺术作品。

（三）数字媒体艺术的审美特征

1. 高度自由的时空体验

（1）时间的自由性

依据伊利亚·普利高津（Ilya Prigogine）的书籍《确定性的终结》所述，伟大的科学家、诺贝尔奖得主认为，在牛顿力学中，时间被看作用于描述运动的一个参数，具有反演对称性。一旦掌握初始状态，就可以推测出接下来的所有状态。这表明过去和未来在某种程度上相似，没有本质的区别。尽管以前人们认为复杂系统从无序到有序，从出现到消失都是有着确定的路径的，但现代科学的研究表明，这一过程充满了复杂性和不确定性。根据耗散结构理论，复杂系统的发展是不可逆的，且往往朝着无序和混沌状态不断发展。自然界表现出了一致性和多样性的特征，这是由于时间的不可逆性造成的。所有事物都趋向于同样的未来，同时又因为之间的发展方向不确定而产生了差异。在牛顿力学中，时间看似可以静止不动，这可能与我们在现实生活中的经验感受产生不一致。耗散结构理论所描绘的动态过程是一个不可逆的过程，且更贴近人们日常生活中的体验。[②]

然而在数字媒体艺术体系中，时间不可逆的观点将会受到严峻挑战。以虚拟现实艺术或计算机游戏艺术为例，在这个系统中存在两种时间：一种是现实世界中的时间，另一种是与虚拟世界互动时所涉及的时间在计算机系统中的表现。第

---

① 吴满意，肖永梅，曹银忠. 大学生社会实践活动的新形式——虚拟社会实践[J]. 理论与改革，2010（2）：91.

② 普利高津. 确定性的终结[M]. 上海：上海科技教育出版社，1998.

一句话描绘了用户在软件平台上所耗费的时间，而第二句则描绘了在虚拟现实系统中进行各种互动所需的时间。用户可以在有限的上机操作时间内自由地转换到晨、昏、昼、夜等不同的时间段，同时还可以感受到春、夏、秋、冬四季独特的气息和风景。现在，那些曾经需要耗费数月甚至数年才能完成的任务，可以在短短的瞬间内得以完成。虚拟现实系统展示时间时，呈现出一种并行的缩放结构，同时涵盖两种不同的时间概念。拿计算机图形系统举例，在用户与图形系统的互动中，会出现两个不同的身份：一方是用户本身，另一方则是一个虚拟角色，存在于计算机创造的虚拟世界中。尽管这两者看似完全分离，实际上却又有着密不可分的联系。这表明，一旦开始使用电脑，就无法把用过的时间倒退回去。在虚拟系统中，交互时间是不可逆的，也无法精确计算。[1] 硬盘中保存的事件信息可供用户随时阅读，这意味着他们可以随意返回过去的任意时间段。

（2）空间的自由性

数字虚拟空间是计算机生成的一种空间形态，可以呈现出类似于现实世界或人工制造出来的世界的状态。这个世界包含着由计算机系统生成的信息，以及聚集于计算机系统的信息。毫无疑问，虚拟空间在提供体验方面胜过真实空间。它的特点在于链接的自由，也就是说，它可以用"超文本"的形式将各种信息、资源和媒体对象进行非线性链接和访问，而且不受空间限制。如果有必要或者环境允许的话，我们可以让这个数字化虚拟世界在无限的空间里自由地伸缩。然而，这并不是数字媒体系统真正特殊的地方，其真正独特之处在于它在空间上具有无限自由。比如一个电子游戏，可以通过互联网将来自不同地区的许多人连接在同一个虚拟场景中，一起玩游戏。无论在世界上哪个地方，哪个角落，都可以搭建这种虚拟艺术空间。

用户的交互式操作能够带给数字媒体艺术欣赏者不同于真实世界的视角和体验，他们可以探索各种地形、建筑和其他场所，并且随着操作的不断变化不断更新。用户可以轻松实现从一个地方到达另一个地方的目的，无需考虑地理约束，甚至可以在空中自由交流。在数字虚拟空间中，距离已经不再是限制因素，它成了用户自由竞技的舞台。人们可以通过改变环境、尝试新的事物以及挑战自己的舒适区，与充满创意的空间互动并获得新的体验。我们没有搬迁，只是进行了实

① 曾晓东. 电子游戏的美学思考[M]. 长沙：湖南师范大学出版社，2004.

质性的改变。[①] 数字媒体系统突破了真实世界地理空间的限制，为创作艺术作品和虚拟交互空间带来了更大的自由度和无限可能性。

（3）全方位的审美体验

迈克尔·海姆（Michael Heim）总结了数字虚拟系统中人们的七种行为方式的特点，分别是模拟、远程观看、身体完全融入、沉浸感、互动、人工智能化和网络社交。[②] 根据海姆所述，有两个结论可以推导出来。首先，人们在数字虚拟世界中从事多种多样、多种方式的活动，这些活动涉及人体的几乎所有部位。其次，在虚拟世界中，人们的活动完全由自己决定，拥有最大限度的审美自主权。数字媒体艺术与传统艺术的显著差别在于，前者提供了更加全面和多元化的视觉和感官体验，为人类的审美活动提供了更加广泛的领域，从而促进人类的全面发展。

一种全面、多元的审美体验，涵盖了多种渠道和方式。这种创新的互动方式极大地丰富了审美体验的形式。身体的各个部位分工协作对人类意识活动至关重要，因为它们分别负责视觉、听觉、嗅觉、味觉和触觉。在过去的数千年中，人类主要通过视觉和听觉这两个方式来欣赏艺术。比如说，绘画侧重于视觉效果，音乐则着眼于听觉体验。而电影、电视或戏曲则是结合了两种感官的艺术形式。数字媒体艺术的审美领域通过全方位、多通道的交互手段显著地扩充了限制。除了传统的视觉和听觉方式，鼻子、舌头、身体也可以参与其中。根据德里克·德克霍夫（Derrick de Kerckhove）教授在《文化肌肤——真实世界的电子克隆》一书中的观点，尽管人们通常将三维图像视为可以观察的对象，但实际上，个体的主观感受更多地涉及触觉方面。当您在虚拟现实中漫步时，您的整个身体与周围的环境相互作用，这种交互感就像在游泳时身体与水之间的关系一样。在数字艺术虚拟领域中，触觉被认为是主要的美学交互方式，这将推动人类的审美体验更加多元化。

数字媒体艺术创作空间完全自由，没有任何审美限制。个人的生存和人际交往都是建立在现实的限制之上的。[③] 然而，对于自我提升和成长，人类的渴望是

---

① 佩斯. 游戏世纪 [M]. 北京：世界图书出版社，2003.

② 海姆. 从界面到网络空间——虚拟实在的形而上学 [M]. 上海：上海科技教育出版社，2000.

③ 王鸿生，交往者自由 [M]. 北京：东方出版社，1995.

永无止境的。在人们存在的现实中，他们面临着有限的条件，而他们对自我发展的追求却是无限的。这两者之间产生了一种矛盾。个人有许多愿景，如改善个人和自然环境的品质，追求理想的生活状态等。然而，由于人类个人能力的有限性，这些愿望通常很难或者根本无法实现。因此，数字媒体艺术成了解决这类问题的最佳途径。

由于在数字媒体系统中的各种交互活动都是属于安全的冲突、无害的危险和不必担心的死亡，只要相关的软件作品设计条件允许，体验者可以以任何方式、任何目的扮演任何角色，可以穿梭于古今，纵横于四海，上天入地，无所不能。欣赏者心中的愿望得到了满足，情感得以宣泄，压抑情绪得到了释放，同时，在此过程中，他们的审美活动也自然而然地得以实现。这些方法具有独特性，无法被其他美学体验方式所复制。当欣赏电影、电视、戏曲或小说时，观众会体验到一种"角色情感融入"，然而这种感觉是被动的，观众只能跟随剧情的进展而代入角色，没有自主的选择，并且没有能力和虚拟世界中其他角色进行互动。这表明数字媒体艺术具备完全独立的审美创作能力。[①]

2. 虚实相生的艺术处理

在经典艺术领域中，将虚实处理视为重要的技巧标准，同样地，在数字媒体艺术创作中也同样具有实际意义。中国传统绘画艺术中，"虚"的含义是指笔墨未触及的区域，也就是未被填充的空白部分。"实"指的是"有细节丰富的描写"。画面的虚实处理包括对画面中的图形与空白部分的运用。

数字媒体艺术创作所指的"虚实相生"与传统画论中的解释有所不同，它是指现实与想象、真实与虚拟关系的处理。就摄影与绘画而言，前者的纪实性和逼真性使其在表现客观世界上成为更有力的工具；而后者在表达人类的思想、观念和情感意境上则具有更自由的创作空间。如何将这种主观世界与客观世界统一起来，一直是艺术家不断探索的话题。数字技术的引入，成为两者产生"化学反应"的催化剂，使得艺术家可以在现实与虚拟之间自由驰骋。

数字媒体艺术创作的"虚实相生"来源于两个方面：一是由于数字图形图像处理技术的引入，在视觉艺术领域中所造就的、超然于客观世界的"奇观性"，多表现在数码暗房处理、数字影视特技、计算机动画设计等领域；二是由于计算

---

① 李勋祥. 虚拟现实技术与艺术 [M]. 武汉：武汉理工大学出版社，2007.

机交互技术的引入，在数字艺术领域中所造就的沉浸式的美感体验，多表现在计算机游戏设计、虚拟现实设计等领域。

（1）数字奇观

数字艺术的奇观性表现为创造了无法在现实世界或不可能存在于现实世界中的视觉奇观，从而赋予观者独特的审美体验。数字技术的高超本领在奇观景象的巧妙打造中得到了充分展现。福克斯体育台评论称，数字技术让北京奥运会开幕式成了一场惊艳的视听盛宴，让全世界为之驻足，令人惊叹不已。这是一场让观众无法忘怀的奇妙表演，成功引领全世界为中国鼓掌喝彩！

刘淇用了"空前绝后、独一无二"的措辞来形容 2008 年 8 月 8 日晚的北京奥运会开幕式表演。这些美妙景象，如脚步留下的烟花、敲击缶子的歌声、宏大的画卷、超现实的五环梦境以及蓝色地球上奔跑的场景，让我们屏息凝视，仿佛置身于前所未有的奇幻世界。用"独特、惊异"这样的词语来描述也毫不为过。

在数字电影中，数字媒体艺术所呈现的惊人效果更加明显。数字技术将科幻、战争、灾难等现实生活中罕见场景制作得逼真精细，为观众呈现了一场场视听盛宴，让人们感受到前所未有的震撼和刺激，这就是"数字奇观"。电影如《星球大战》《蜘蛛侠》《加勒比海盗》《魔戒》《哈利·波特》以及《2012》等，强调营造宏大的视觉效果，并将之作为它们的核心内容和吸引点。这些电影主题主要包括科幻、奇幻和灾难类，如果采用传统的电影制作手法呈现，将会面临巨大的挑战。数字技术的应用让我们轻松享受各种视听盛宴，不再面临困难。

（2）虚拟与沉浸

"沉浸"的含义是"专注并完全投入某个活动或经历中，不受其他干扰"。通过计算机图形构建真实的三维空间或数字化现实环境，数字媒体艺术可以营造出逼真的虚拟环境，实现沉浸体验。用户可以利用多种感官，如视觉、听觉、触觉、力觉、动觉、味觉以及嗅觉等，全身心地沉浸其中。数字媒体艺术的特别之处在于，它允许用户以自然的方式与虚拟环境进行互动。这项技术改变了人类仅能通过间接方式来获取环境信息的局面。因此，数字媒体艺术为我们拓宽认知手段和领域提供了有效的方法。①

一般来讲，沉浸式体验不仅限于数字媒体艺术。所有艺术作品都具备让人

---

① 汪代明. 数字媒体与艺术发展[M]. 成都: 巴蜀书社, 2007.

迷失其中的力量。虽然各种艺术作品展现出独特的沉浸感，但它们都是人类想象力的杰出表现，彰显了卓越的艺术文化。要获得传统艺术的沉浸感，必须首先具备人文素养和深厚的文化背景，这是保证获得该感受的重要前提。由于文化、国家和不同的受众群体的差异，艺术作品如文学、音乐、美术、影视等可能会带来截然不同的沉浸体验。孔子曾形容自己对音乐的着迷是"余音缭绕，三月不绝"，意思是他沉迷于音乐之中，长时间无法自拔。许多读者因金庸的武侠小说而痴迷，并且无法自拔。所有艺术作品都天生具有沉浸感这个特征。

随着数字媒体日益兴盛，人们对艺术体验的追求也在不断提高，这推动了沉浸式技术的不断创新。在数码艺术中，这是一项不可或缺的关键要素，需要使用专门的设备、高性能计算机以及匹配的软件来实现这种艺术新形式。通过穿戴六自由度力传感器所组成的数据衣和数据手套等沉浸装置，一个人可以轻松地进入一个既可行，又可居，还能畅游的完全沉浸的美感体验中。①

数字电影将不仅仅继承传统电影的特点，而且还能为观众提供身临其境的电影体验。在特定的虚拟世界中，观众可以扮演不同的角色，与虚拟环境中的各种物体进行一对一或一对多的互动交流，仿佛置身其中的电影场景。可以这样说：数字媒体世界是一个完全数字化、无时无刻不可进入的虚拟空间，就像是人们审美和艺术想象的幻想之地。②

我们在虚拟世界中使用数字来进行交互，通过手指操作键盘和鼠标。此时此刻，手指在虚拟的世界中，仿佛是一位创世神的手指，它们才是创造宇宙的工具。虽然"0"和"1"并非物质实体，但它们可以被视为一种非常特殊的"原料"，通过这些原料的组合，我们可以构建出一种无形但真实的"虚拟世界"或"人造实境"，这种世界具有丰富的声音和画面。除了协助我们了解现实世界，计算机还能进行抽象推理，并创造出虚拟的世界。

（1）虚幻的形象

随着数字技术的不断发展，我们现在能够使用计算机来创造出虚拟的生物。一些数字图像甚至已经成为电影中的主要角色，这使得新的屏幕数字形象应运而生。尽管恐龙已经在数亿年前灭绝，电影《侏罗纪公园》所呈现的恐龙形象却惟

---

① 李勋祥. 虚拟美学特征刍议 [J]. 包装工程, 2004, 5 (7): 8-12.
② 李勋祥. 虚拟现实技术与艺术 [M]. 武汉：武汉理工大学出版社, 2007.

妙惟肖，仿佛栩栩如生。它们狰狞咆哮，与人类对峙智慧，让我们在观赏时感到视觉上的震撼，仿佛我们穿越到了远古的恐龙世界。《指环王》创造了一个虚构的世界，其中的历史长达 8 000 年，出现了种种神秘的存在，如能喷火、长着狰狞面孔的炎魔，喜欢吃人肉、鲜血的巨大蜘蛛史罗，因为受到魔戒的引诱而走向邪恶，性格产生分裂的数字角色咕噜，以及著名的邪恶眼睛等。这些元素汇聚在一起，形成了一个神秘、神奇的幻想世界。学者陈犀禾说：这个版本在描述现实方面与其他版本不同，它呈现的是一种虚拟、非真实的状态，是虚构的。据尼古拉斯·葛洛庞帝（Negroponte）所述，虚拟现实技术可以让人所创造的事物具有与真实事物相当逼真的效果，甚至在某些情况下比真实事物还要更加逼真。这一现象被一些学者描述为"超现实"。此刻，所谓的真实，并非仅仅是已经存在的事物，而是通过人类创造（或再创造）出来的"真实"。这并不意味着真实变得更加不真实或荒谬，相反地，这种真实更加贴近真实本身，即经过了一番精心打磨，变成了一种在幻境式的（自我）相似的状态下呈现的真实。[①] 在数字媒体艺术所创造的虚拟世界中，真实与虚构之间的辨识变得异常困难。

（2）虚幻环境

通过数字化技术，电影不仅能够创造数字化的生物作为主角，还可以模拟现实世界中难以拍摄的空间场景，从而扩大其表现范围。随着数字技术的发展，我们可以构建虚拟场景，这些场景不受现实制约，既可以是真实世界的再现，也可以是想象中的幻境。数字技术的出现让人们不再局限于光线和感光底片的相互作用，而是采用数字技术创造图像。[②] 随着数字虚拟图像的兴起，感光制作已经被淘汰，这一转变体现了技术的胜利，同时也为艺术表现提供了更宽广的发展空间。

现今，虚拟演播室技术在电视节目制作中被广泛采用。该技术可以将虚拟的环境场景和真实的主持人合成，不必在实际节目制作现场布置花费大量时间和成本。因此，制作时间被大幅缩短，制作成本也得到了节约。在演播室中，主持人具有无限创意空间，可以随意改变主持场景。他有时会置身于足球场上，有时会回到古代建筑中，甚至有时还能在宇宙中漫游。编导人员需要运用想象力，并利

---

① 刘易斯，露西娅娜. 数字媒体导论 [M]. 郭畅，译. 北京：清华大学出版社，2006.
② 刘桂荣，谷鹏飞. 数字艺术中的美学问题探究 [J]. 河北学刊，2008，6 (3)：13–15.

用计算机技术来创造出场景和画面，以满足节目需要呈现的要求。这样做可以实现非同凡响的创意效果。

（3）计算机生成的三维模拟环境

电脑技术让我们有能力创造数字生命和虚拟场景，这些场景在现实中很难被拍摄到。此外，我们能够展示和重现真实世界的景象，其令人感到惊奇和赞叹不已。虚拟现实技术是必要的，例如需要在计算机中复制或再现真实世界的情境。它以先进的计算机技术为基础，通过逼真的三维视听、触感和嗅觉效果，打造了一个虚拟的境界。利用数字头盔显示器和数字手套等设备，参与者可以在虚拟现实中获得与现实相似或完全一致的感觉和体验。《紫禁城·天子的宫殿》是一部巨大的数字媒体艺术作品，它利用了虚拟现实技术，致力于重现中国紫禁城的壮观氛围。观众可以在其中畅游紫禁城，不仅可以探索每个角落，而且可以更好地理解这座城市的历史与文化。

通过虚拟现实技术，设计人员可以创造出高度逼真的场景，让参与者难以区分现实与虚拟。这种技术可以通过模拟各种感觉器官的反应，迷惑大脑，使人产生身临其境的感觉。虚拟性的运用在数字媒体艺术中赋予了"真实"的意义以全新的面貌。数字媒体艺术所打造的虚拟世界已经展现出了超乎我们平常经验所认知的真实感。因此，我们需要打开心灵的大门，以更开放的心态迎接数字世界的虚拟现实，探索其中真实与非现实的深度意义。

3. 互动参与的交互方式

"沉浸"在数字媒体艺术中所指的不仅是受众被作品所吸引的感官体验，更是指受众能够积极地参与和与作品互动，两者之间相互促进。在艺术活动中，吸引观众参与的关键在于活动本身具有互动性。艺术作品离不开观众的参与，而美学中的"召唤结构"揭示了观众在艺术活动中所扮演的基本角色。不过，这种组成只存在于暗示中，因为它无法将观众的积极性转化为可察觉的交互环境，因此观众对于参与的能力以及参与的程度仍然是未知的。

数字媒体艺术的交互性是指数字技术平台与数字媒体艺术作品之间的互动特性，让用户有机会参与进作品中与之互动。交互技术是综合运用数字信息处理技术、计算机技术、数字通信技术和网络技术等技术，通过现代计算和通信手段，对文字、声音、图形和图像等信息进行集成处理的交叉学科。它旨在将抽象的信息转化成可感知、可管理和可交互的技术形式。人机交互技术是数字媒体艺术不可或缺的技术支持。它为艺术创作提供全新的思维方式，同时也丰富了数字媒体艺术的表现语言。

在数字技术尚未出现之前，几千年来的艺术发展历程表明了一种以发布、传输和接受为方式来传播艺术作品的方法。这种传播方式是单向的，即来自艺术家的指向受众，从而导致作品与观看者之间的分离。在此情形下，艺术家难以获知观众对作品的反应。随着数字媒介的普及和网络媒介的发展，艺术传播方式正转向发布、传输和接收。艺术活动变得越来越强调互动、交流和双向互动的特点。这种信息的传递不仅限于创作者和观众之间的互动，观众之间也有可能进行这种交流。这些赏析者可以就艺术作品的各个方面进行交流，并且有时候能够对作品的创作方向产生影响。

数字技术的快速发展带来了一个不可忽视的事实，即艺术日益趋向互动。目前，艺术的互动性已经被赋予多重表现形式，比如网络电视剧、网络游戏等，这些方式已经成为日常生活的一部分。

每次玩电子游戏，我们都在和计算机互动。而随着计算机技术的进步，如今我们不仅可以与计算机进行互动，还可以通过网络与其他玩家互动，共同体验游戏带来的愉悦。这彰显了网络游戏在交流互动方面的优越之处。这些在线游戏的玩家可自由选择各种角色类型，无论何种性别都有可选之处。这个人可以是既有崇高勇气又有极其邪恶行径的复合人物。除此之外，您还可以融入其他团队，与他们一起协同作战。

数字媒体艺术为观众营造了互动体验，使其能够参与艺术创作。艺术家通过作品激发观众参与和与其作品互动，让观众能够真正融入并体验艺术。数字媒体艺术的显著特征之一是其具有交互性，观众通过参与艺术作品的过程，自身的角色得到了本质上的转变。作品的表现效果不仅受到观众的影响，甚至将观众融入作品中成为其重要组成部分。

4. 媒介使用的融合性

通过利用数字计算机平台进行数字媒体艺术的创作，可以消除使用不同制作和传播工具的限制和难点。这种方法能够在同一平台上展示不同类型的艺术作品，并保持原有的意义和表达方式。使用通用的数字工具和技术术语，可以自由地在各种数字传播媒介上进行复制和广泛传播，从而形成高度一致和融合的效果。

数字、广播和信息技术的迅猛进步加速了数字媒体艺术的交融。随着视频压缩技术和流媒体传输技术的不断提高，IPTV 已经变成了一种常用的观影方式。它可以通过高速的网络连接进行实时直播、点播和时移收看，满足观众对于观影方式的多样需求，并且可以传输传统电视节目。由于 IPTV 可以在电视和计算机上观看，因此它不仅适用于广播电视业，也适用于信息产业，因此很难将其归为某一特定行业。①

数字媒体艺术的融合主要表现在内容方面的整合与创新。数字化技术的运用实现了多种媒体内容的无缝整合，进而更加有效地利用不同媒介进行了推广宣传，发挥了各自的长处，同时满足了观众日益多样化的需求。以凤凰卫视的《凤凰非常道》节目为例，来阐述这个观点。《凤凰非常道》是由凤凰新媒体制作的网络访谈节目，节目主持人是广受欢迎的"麻辣"记者、主持人和评论家何东先生。节目呈现了资深记者的多元文化与社会视野，以邀请各领域知名人士及草根共同参与、共同探讨各种大小话题的形式，打造了一场富有言论魅力的盛宴，即以自如舒畅的谈话方式，表达自身的思想和看法，呈现文字的风尚和感性气息，向世界展现人们最真实的情感状态。这个节目致力于保持原汁原味的对话，坚持"真实表达"的原则，打造一个几乎没有限制的言论空间，鼓励诚实地进行思想交流。

访谈类节目是一种经典的电视节目类型，深受观众喜爱。其中，《鲁豫有约》《杨澜访谈录》《艺术人生》等节目更是备受推崇，广受欢迎。《凤凰非常道》的制作模式与访谈类电视节目相似，制作团队根据访谈类电视节目的规范选择和布置了主持人、嘉宾和演播室。它采用了网络化的传播方式，将传统电视和新兴网络媒体相融合，因而与传统的电视访谈节目不同。通过这样的方式，它既能保持电视节目的深度，又能拓展网络媒体的广度。

随着媒体市场的竞争加剧，凭借单一媒介渠道已不再能够获取传播优势。为了满足客户需求，需要融合新媒体和传统媒体，创造多样性的组织和营销平台，提供多元化的渠道和形式的营销服务。

随着数字信息技术的不断发展，数字媒体艺术与其他领域的整合也日益突出。

---

① 黄升民，周艳，王薇，等. 中国数字新媒体发展战略研究 [M]. 北京：中国广播电视出版社，2008.

这种融合需要考虑多个方面，包括内容的制作、终端的使用、传播的方式以及产业链等方面。各种艺术形式之间的隔阂已经消失，它们之间的边界日益模糊，不同类型的艺术可以互相合作，相互渗透，这样世界就呈现出更加丰富多样的艺术面貌。这也意味着，不再有艺术流派间的障碍和局限，而是形成了一个更为开放和包容的艺术社区。

5. 注重商业化与娱乐性

马丁·海德格尔（Martin Heidegger）自20世纪50年代，便对我们逐渐进入一个充满图像的时代做出了预言，而如今许多人也同意这种看法。消费主义和大众文化的兴起是后现代生活最显著的表征。大众文化指的是在20世纪的城市工业社会和消费社会中兴起的一种文化现象，它通过大众传媒（如报纸、杂志、电视、互联网、博客、手机短信等）传播，主要面向城市居民，并以复制、模式化、批量化和普及化为特征。就表现形式而言，大众文化是由多种元素混合而成的，其中包括流行文化、消费文化、商业文化和传播文化等。借助科技手段，大众文化以市场机制为基础，并利用电子和数字媒介传播，其主要目标是通过融入日常生活以及感性愉悦，让普通民众深刻体验文化。它们不仅是新兴文化和工业新趋势下的产物，更是现代社会引领全新生活方式的一种表述。

可以说，大众文化不仅追求商业价值和产业化，而且注重实用性和娱乐性，并倡导大量创作的复制和拷贝。大众文化鼓励人们参与其中，享受感官刺激和文化消费的市民化审美体验，旨在满足社会各个层面的需求。大众文化的最明显的特征包括：商业性（消费主义）、娱乐性（感官刺激性）、技术性（媒介性、复制性、模式化）、后现代性（反中心、反传统、意义解构）。[1]

对于商业性，法兰克福学派称大众文化是文化工业，是机械化式的流水线作业，是整个社会的商品生产与消费体系的一部分。正如阿多诺（Adorno）所说，它们完全堕入了商品世界里，为市场而生产，以市场为目标。大众文化产品在美与娱乐的价值摇摆之间更多地倾向于娱乐。大众文化产品表现出的特点是通俗、短暂、性感，是廉价的、大众消费得起的、能大批量复制生产的。从文化工业角度来说，工业性质就体现在商业性和技术复制性方面，而这样生产出来的文化商品必然具有娱乐化、标准化和后现代等属性。机械复制技术摧毁了艺术的权威性，

---

① 汪代明. 数字媒体与艺术发展[M]. 成都：巴蜀书社，2007.

将与艺术品一模一样的复制形象统统搬出收藏处,普通大众可以像往日有身份、有教养的少数人那样欣赏艺术了。一般来说,人们认为艺术品及其收藏品展现了文化的精髓,象征着富裕、尊荣和聪慧。由于机械复制技术的普及,高贵与普通之间的距离变得更为接近。现代的复制技术使得以绘画为代表的视觉艺术,无论身处何地都能够同时欣赏,并且十分容易获取,失去了稀有与珍贵之感,成了自由流动的物品。① 数字媒体的兴起拓展了艺术传播的新渠道,推进了艺术普及的进程。

随着数字媒介的普及,艺术向信息形式转化,摆脱了传统的物质形态。就物质化艺术而言,原作具有无可替代的珍贵价值,其重要性不言而喻。在信息化时代,信息本身是至关重要的,它不再受限于特定的载体,所以在此背景下,区分原件和复制件已变得不重要。比如,计算机绘画可以任意复制,而且复制品和"原作"之间没有任何的差异,它可以无数次打印出来,理论上说这些都是作者的原作。由于可复制性,其传播也是非常便捷的。鼠标一点就可以传到网上,任何一个人都可以欣赏、下载保存或加以修改。这种可复制特性使计算机绘画很容易被转化为动画,借助动画软件,画家只需要设定"开始""结束"的关键帧图形图像,计算机就能将静止的绘画转化为运动的画面,如果中间的过渡图形图像足够多(一般说来超过 24 帧),静止的图像就成了活动的影像了。

在数字媒体发展史上,这种数字艺术作品所带来的商业奇迹举不胜举。2009年上映的数字电影《阿凡达》在中国可谓是赚了个盆盈钵满,上映仅两个月累计票房就达 12 亿元之多,该片将绚丽的数字特技与自然、生态理念相结合,使人们看到了一场令人震撼的电脑特效表演。可见,未来的娱乐和数字媒体艺术将如影随形。网络游戏产业就是娱乐和计算机科技相结合的一个典型代表,未来电脑化的电影和电影化的网络游戏的界限将逐渐模糊。

数字媒体技术也带来了"艺术平民化"发展的新契机,并使传播者脱去"高贵华丽的外衣",真正回归平实。

首先,数字技术手段的出现并广泛应用,使众多交叉或不同行业的人有了跨越传统艺术界限而涉足艺术领域的"敲门砖"。俗话说"隔行如隔山",行业之间的那道屏障很难逾越,所以就有了在欣赏艺术作品时"内行人看门道,外行人看

---

① 伯杰. 视觉艺术鉴赏 [M]. 戴行铖,译. 北京:商务印书馆,1994.

热闹"的说法。其实不然，行业之间之所以难以沟通，还在于它们之间的转换没有一种尺度。数字技术率先成了这种容易掌握和交流沟通的通用语言。

其次，数字技术大大地简化了艺术的创作、传播和接受过程，在很大程度上降低了艺术传播的成本。在传统艺术的创作过程中，除了需要有天赋和基本的艺术素质、思维方法，还要有较高的制作和传播成本。数字技术则把人的素养与计算机人工智能相结合，配上相关的软硬件设备，就可以凭借创意随意驰骋，艺术的创作过程被大为简化。

再次，数字技术除了使更多的人参与到艺术传播的过程中来，还大大提高了大众的艺术审美能力。人们可以通过数字化传播渠道接触到比以往任何时候都多的艺术作品。应用数字技术不仅扩大了艺术的传播范围，让更多人能够参与，而且显著提高了公众欣赏艺术的水平。我们今天可以通过数字化传播媒介更加方便地获得大量艺术作品，这是以前不曾有过的。面对林林总总的艺术之作，无论是千百年前大师的传世之笔，还是现代艺术家的小品之作，每个人所产生的审美感受是各不相同的，他们再也不用争着权威意见的那些"套话"，以人云亦云、鹦鹉学舌的方式来传达自身的感受了。

最后，数字技术重构了艺术创作的新语境，并使其目的更趋现实性。数字技术的交互性使部分的艺术创作者不可能再像过去那样一味地自视清高，一方面将自我封闭起来，一方面沉醉于纯粹的自我表现之中。面对网络传播的多触角、宽领域、全方位，艺术创作者开始清醒地认识到艺术必须要面对大众。[①]

可见，没有一系列现代的数字科技成就，也就不可能有大规模的复制、传播文化产品，不可能实现文化的产业化。大众文化的发展是与科学技术同步的。数字媒体作为一种新的艺术形式将给人们提供更广阔的艺术空间，尤其为原来没有机会或能力从事艺术活动的人们体验艺术创造的乐趣提供了条件。

在数字媒体的商业娱乐项目中，以 Macromedia 公司开发并纳入 Adobe 公司旗下的多媒体交互动画设计和播放平台 Flash 最为典型。Flash 在互联网初期为大众性娱乐工具，它使得普通人也能随心所欲地创作动画作品。随着功能的完善和用户的扩大而引起广告商和媒体内容制作商的关注，Flash 开始转向电影、电

---

① 贾秀清，粟文清，姜娟，等. 重构美学：数字媒体艺术本性[M]. 北京：中国广播电视出版社，2006.

视、广告、游戏、设计等专业领域。

文化的范围已经由最初的少数特定领域扩大到了包括人类精神和意识的所有领域，从传统的艺术形式，如绘画、音乐等，到新兴的艺术形式，如电影、电视、广告、行为艺术、涂鸦艺术、数字媒体艺术等。如今，审美已经贯穿到了我们生活的每个角落。从装修房屋到打造私人影院，再到智能家电、汽车、电脑、智能手机、iPad 等多种产品，均是基于对人类审美特征和习惯深入研究的基础上生产制造的。这种发展趋势已经使得审美的范围和深度都得到了显著的拓展，以至于美的存在和体验已经成为人们日常生活的一部分。当代艺术的主要特点是注重通俗性和大众性，其中大量运用了喜剧元素。整体风格以平易近人和标准化为主，充满了轻松、活泼和追求快感与经济效益的倾向。有时也会融入搞笑和滑稽等特点。这些艺术作品的分类方式完全颠覆了传统的艺术门类分类方式，与经典美学所强调的精致优雅理念截然相反。正是由于这个原因，数字媒体艺术可以充分展现其独特的商业和娱乐特点。

（四）数字媒体艺术的表现误区

数字技术的运用扩大了艺术家的创作领域，让他们的创造力得以充分发挥而不被技术束缚。这种方法为艺术作品带来了更多创新的成果。将数字媒体艺术数字化处理可以提高其艺术表现的效率和方便程度，尤其是在比特化方面。数字媒体艺术由于其独特的可复制性，使得它在传播艺术方面拥有无与伦比的优势。然而，从审美的角度来看，这种容易模仿的特性可能会导致艺术表达逐渐呈现出缺乏独创性的传统化趋势。如果只追求技术，而不注重艺术创作，则数字媒体艺术的构成方式将会失衡。这会导致技术手段脱离了原本的艺术服务环境，仅仅为了炫耀制作技巧而虚假地展示。为了避免这种情况的发生，数字媒体艺术的创作必须注意平衡技术和艺术的重要性。在数字艺术领域，这种趋势正日益流行。

例如，对于数字绘画这种新的艺术形式，美术界更多的是一种技术主义的理解，而不是把它看成一种新的艺术媒介形式。很多计算机美术作品由于在创作过程中过分依赖于技术，过于追求计算机图形生成过程中的逻辑程式和视觉特效，从而把数字绘画创作简单化、肤浅化。许多冠以"电脑绘画"之名的作品实际上只是商业性的图形设计。这也导致很多人误认为用计算机还难以进行纯绘画创作，无法创作出具有传统绘画那种艺术效果和水准的作品，并把这种充斥着技术与视觉特效的作品看成数字绘画的基本风格。

　　数字技术在影视中展现出色的时期是在 20 世纪 90 年代中期。尽管技术近年来取得了迅猛的发展，但艺术创作的创新和表现能力却没有相应提高，因此那些数字技术含量较高的电影似乎已经没有那么吸引观众了。2001 年推出的《最终幻想》被誉为当年影坛最受欢迎的科幻巨制，同时在全美超过 3 000 家影院上映。这部完全由电脑动画制作的电影，人物形象的真实度超乎想象，竟然让不少有名演员都感到自叹不如。这个宏大的电影企图构建一个虚拟世界，通过全面数字化的手法来展示，但是它的情节过于普通，没有太多的惊喜和刺激，观众感到乏味无聊。因此，这部耗费 1.37 亿美元拍摄的电影成了一个"终极的梦想"。许多人怀疑数字化是否真的有益，或者说是一种诱惑，抑或是一种陷阱。

　　实际上，并非技术本身的不足，而是因为数字技术被过度宣传所带来的影响。如果过于着迷于技术和追求刺激的效果，就可能会忽视影视作品本来所要表达的内涵和意义。虽然有些影片能给人带来震撼的视觉冲击，但如果过分注重这些，就会淡化影片应该表达的情感和思想。此时所呈现的刺眼金属质感画面也会更加突出影片所传达出的死寂和冷漠感。过度依赖数字视觉效果会导致视觉冗余，干扰观众对有用信息的接收，造成过多噪声和烦琐感，进而影响整体效果。

　　在人类历史长河中，我们必须意识到技术的发展是一把双刃剑，它能够给人类带来巨大的好处，同时也有可能带来一些不良影响。随着技术的不断进步，人与技术之间的脱离现象变得越来越明显。随着科技的不断进步，人们一直积极探讨一个严肃的问题：高科技时代中人类创造的技术是否会被滥用，从而对人类生活带来不良影响。人类已经吸取了苦涩的教训：虽然原子能技术缓解了人类的能源问题，但也给全球带来了核战争的威胁。工业革命带来了巨大的物质富裕，同时也促成了前所未有的大规模杀伤性武器的出现，这在两次世界大战中得到了充分的体现。尽管克隆羊是基因技术的一种应用，但是它同时也开启了可能进行人类克隆的可能性，这一问题将引发一系列严肃的道德及伦理问题。就像电影《透明人》一样，我们能亲眼见证一个人在人群中从透明到真实逐渐展现出来的过程，这一幕感觉十分真实，毫无破绽。这部影片不仅吸引了电脑绘图专家和生理学家的参与，还揭示了一个关于控制创造能力的主题，为我们带来了启示。[1]

---

① 张歌东. 数字时代的电影艺术 [M]. 北京：中国广播电视出版社，2003.

　　首先，艺术作品有无个性和深度，关键在于作者自身的艺术素质和创作能力，与其所具体使用的媒介材料、媒介形式乃至相应的艺术技法没有直接的因果关系。认为数字艺术都是一个样，甚至扼杀了作者的艺术个性，这实在是一种错觉。造成许多数字艺术作品千篇一律的根本原因既不在计算机技术本身，也不在作者不精通电脑技术、不懂得编程，而主要在于其在具体创作中是否完全依赖技术、依赖于程序的自动生成。数字技术提高了创作效率，但并不因此就必然导致缺乏艺术深度的快餐式创作，它在促进艺术表现的同时，也为艺术思考和想象留下了更广阔的空间。以数字绘画为例，就媒介形式和媒介材料而言，无论是传统的各种绘画材料和绘画工具，还是数字画笔、数字媒介工具，它们都毫无个性可言，但不同的画家，却能通过这些毫无个性的媒介形式，创作出具有不同艺术内涵和风格迥异的视觉形象来。

　　其次，我们需要明确认识到，传统艺术形式是不可能被数字媒体艺术所替代的。作品的独特价值在于它们所使用的特定媒介材料和形式，这是它们不可替代的根本原因，而不仅仅是作品的质量或水平。从多个角度来看，传统艺术形式都具有独特且不可替代的地位。其一方面源于媒介本身的特性，另一方面又考虑到人们的艺术创作形式和作品观赏习惯。虽然我们进入了数字化时代，但我们的生存依然离不开实体世界。这不仅是传统艺术的核心，也表明即使在现代艺术中，我们仍然无法完全摆脱物质媒介的影响。尽管数字技术对传统艺术形式产生了影响，但传统艺术界也积极探索数字技术的运用，以实现转型升级。尽管数字媒体艺术在数字时代中扮演着重要的创作角色，但就艺术自身的发展而言，数字媒体艺术只是新的艺术表现方式之一，而非独立的艺术形式。要想创造具有个性化和独特性的艺术作品，数字媒体艺术需要充分吸取传统艺术的精华，并且摆脱常规的生产方式的束缚。只有这样，数字媒体艺术才能找到一条独具特色的艺术发展之路。

第二章　数字新媒体技术的发展

科学技术的不断发展进步和现代化、信息化的传播媒介的出现对现代艺术设计产生了极为深刻的影响。尤其是数字媒体技术的应用对现代艺术设计的传播方式、传播媒介、思维空间以及分类方式都产生了很大影响。本章主要从大数据与云计算、物联网与云计算、虚拟增强现实技术与人工智能几个方面阐述数字新媒体技术的发展。

第一节　大数据与云计算

一、大数据技术

（一）定义

大量的数据被称为大数据或海量数据，它们无法通过常规的软件工具在有限时间内进行捕获、管理和处理。它呈现出快速增长和多样化的趋势，因此需要采用全新的处理方式，才能充分发挥其决策、洞察和流程优化等方面的潜力。维克托·迈尔－舍恩伯格（Viktor Mayer-Schönberger）和肯尼斯·库克耶（Kenneth Cukier）在《大数据时代》一书中强调，大数据的分析方法与传统的简便方法（如随机分析法和抽样调查）截然不同，它利用所有可获得的数据进行分析和处理。

通常，大数据的特征可以以四个 V 来概括，即大量（volume）、多样（variety）、价值（value）和速度（velocity）。首先，数据规模庞大。数据容量从 TB 级别飙升至 PB 级别，然而有些大型企业已经积累了接近 EB 级别的数据量。其次，数据格式有许多不同的种类。多样的数据可以归为两种类型：结构化数据和非结构化数据。相较于过去被专注存储的结构化数据，如网络日志、音频、视频、图片、地理位置等，非结构化数据正变得越来越常见。这种多源数据类型需要更高的数据处理能力。再次，价值密度不高。数据总量的大小与价值密度成反比。监控过程中，视频数据持续不断地产生，但仅有短短的一两秒钟是有用的信息。最后，反应迅速。1秒定律和传统的数据挖掘技术存在显著的差异。各类传感器、个人电脑、平板电脑、智能手机、车联网等各种技术设备都充当数据来源或传输通道，这些设备和技术广泛分布于全球各地，如物联网、云计算、移动互联网等。

（二）大数据技术原理

要应对大量数据的挑战，大数据技术是不可或缺的。当前所谈论的"大数据"范畴不仅仅关乎数据量的大小，同时包括了数据采集的工具和平台，以及用于分析这些数据的系统。大数据技术的研发旨在促进其应用于各个领域，解决海量数据处理难题，并取得重大进展，推动大数据技术的发展。因此，随着大数据时代的到来，我们不仅需要应对处理海量数据和从中提取有价值信息的挑战，还需要不断加强大数据技术的研发，以保持领先地位并跟上时代的发展。

数据采集：ETL工具的职责在于从各种来源、不同类型、散乱的数据源中提取数据，如关系型数据、平面文件等，随后将这些数据传送到中间层以进行处理、转化和整合。最终，这些数据将被传输至数据仓库或数据集市，作为进行在线分析处理与数据挖掘的基础。

数据存取：对于数据的读写操作，有几种不同的方法和工具可以使用，包括传统的关系数据库、非关系数据库（NOSQL）以及结构化查询语言（SQL）等。

基础架构：技术基础设施包含了云存储和分散式文件储存等方面。

数据处理：自然语言处理（NLP）是一门研究如何让计算机与人类语言进行交互的学科，旨在解决语言与计算机之间的交互难题。核心在于使计算机能够理解自然语言，因此它被称为自然语言理解（NLU）或计算语言学（Computational Linguistics）。

统计分析：假设检验、显著性检验、差异分析、相关分析、T检验、方差分析、卡方分析、偏相关分析、距离分析、回归分析、简单回归分析、多元回归分析、逐步回归、回归预测与残差分析、曲线估计、因子分析、聚类分析、主成分分析、因子分析、快速聚类法与聚类法、判别分析、对应分析、多元对应分析（最优尺度分析）等。

数据挖掘：分类（Classification）、估计（Estimation）、预测（Prediction）、相关性分组或关联规则（Affinity grouping or association rules）、聚类（Clustering）、描述和可视化（Description and Visualization）、复杂数据类型挖掘（Text，Web，图形图像，视频，音频等）。

模型预测：预测模型、机器学习、建模仿真。

结果呈现：云计算、标签云、关系图等。

（三）大数据分析

大数据分析的五个基本方面如下。

1.Analytic Visualizations（可视化分析）

大数据分析的使用者包括专家和普通用户。不论任何人，他们都希望进行视觉化分析，因为这种方法可以直观地呈现大数据的特征，同时易于理解，就像观看图片一样容易。

2.Data Mining Algorithms（数据挖掘算法）

数据挖掘算法是大数据分析的理论基础，它们根据不同的数据类型和格式，准确呈现数据的特点。这些算法是经过全球统计学家共同认可的有效统计方法（或称可靠准则），它们为我们提供了深入探索数据内部并挖掘潜在价值的帮助。此外，这些数据挖掘算法还可以加速对大数据的处理。

3.Predictive Analytic Capabilities（预测性分析能力）

在大数据分析中，预测性分析是应用最重要的领域之一。该领域的核心是从大量的数据中寻找特征，并创建科学模型，以利用模型预测未来数据趋势，实现对新数据的预测。

4.Semantic Engines（语义引擎）

在网络数据挖掘领域，通过使用大数据分析技术来研究用户输入的搜索词、标签或其他语义信息，可以识别用户的需求，从而提供更加优质的用户体验和广告匹配服务。

5.Data Quality and Master Data Management（数据质量和数据管理）

想要进行有效的大数据分析，需要重视好数据的质量和加强对数据的管理。保证数据的高质量和有效管理是确保研究和商业应用领域分析结果真实可靠并具有价值的必要条件。上述五个方面构成了大数据分析的基础，当然在进行更为深入、专业的大数据分析时，还有许多更具体、更深入、更专业的大数据分析方法可供采用。

二、云计算

（一）基本概念

云计算技术是指通过互联网，从专门的数据中心，向用户提供可扩展的定制性服务和工具。这一技术几乎无需本地进行数据处理，也不消耗本地存储资源。云计算支持协作、文件存储、虚拟化，并可定制使用时长。

云计算是一种按量付费的模式。这种模式能够提供快捷、按需使用以及无线扩展的网络访问进入可配置计算机的资源共享池。资源共享池中包含了五大重要元素：网络、服务器、存储、应用软件和服务。因此，使用者只需投入很少的管理工作，或与服务提供商进行很少的交互就能实现资源的快速提供。目前云计算还处于基础阶段，现在的云计算被分为三层：基础设施、平台和软件。基础设施可以看作我们的电脑主机，其实质是大规模的主机集群。平台的地位大致相当于我们的计算机系统，类似于 Windows，是开发和运行程序的基础。软件，如微信、游戏客户端、美图秀秀等都是软件。云计算环境具有以下特点：数据安全可靠、客户端需求低、高灵活度、超大计算能力等。

（二）技术原理

1. 虚拟化技术

在云计算中，虚拟化技术的运用至关重要。通过为基础设施提供支持，它促进了 ICT 服务向云计算服务的快速转型和发展。云计算服务的实现与成功必须依赖于虚拟化技术的支持。尽管虚拟化是云计算的重要组成部分，但它并不代表云计算的全部内容。虚拟化是一种计算方式，在技术上利用软件来模拟计算机硬件，从而为用户提供虚拟资源服务。目的在于优化计算机资源的分配，使其能够更有效地提供服务。通过打破硬件之间的物理划分，它能够实现系统架构的动态化，管理和优化物理资源的使用。通过实施虚拟化技术，可以使系统具备更大的灵活性和弹性。同时，它还可以有效地降低成本、提高资源利用效率、改善服务质量等。

就外观来看，虚拟化可归结为两种应用模式。一是通过虚拟化技术，可以将一台强大的服务器划分为多个独立的小服务器，以满足各用户的不同服务需求，从而达到更高效的资源利用。二是对多台服务器进行虚拟化，并将它们合并成一个拥有特定功能的高效服务器。这两种模式的中心思想均在于实现资源的统一管理和动态分配，最终达到提高资源利用率的目的。这两种模式被广泛应用于云计算领域。

2.分布式数据存储技术

云计算能够高效地处理大量数据，并且处理速度非常快，这是它的另外一个重要优点。为了确保数据的可靠性，一般采用分布式储存技术，把数据分配到多个物理设备中进行存储，这样可以提升数据的可靠性，并广泛应用于云计算领域。

通过协同作业，多台存储服务器在分布式网络存储系统中实现了无缝分担存储负载的目的。此外，使用位置服务器也能精确表明存储信息的位置。该系统架构的优点不仅包括增强了系统的稳定性、可用性和效率，而且更加便于实现系统的扩展性。

Google 推出的 GFS 是一种分布式存储系统，在当前的云计算领域中非常受欢迎；与之类似，Hadoop 也是一种流行的开源系统，由开发团队开发而成。这两种系统都为云计算领域中分布式存储提供了广泛的应用。

谷歌开发的 GFS 技术是一种非开源的云计算平台，可以同时为大量用户提供服务，以满足其不断增长的需求。云计算所采用的数据存储技术具备高速处理和传输数据的特性。

HDFS 技术是被大部分 ICT 厂商所采用的数据存储技术，如 Yahoo 和 Intel 的"云"计划。未来的发展方向将集中在数据存储和加密安全、保障数据的防护和提高数据处理效率等方面。

3.编程模式

最初分布式并行编程模式的设计意图是为了充分利用软硬件资源，以提高应用程序或服务的响应速度和用户体验，实现更高效、更便捷的使用体验。在分布式并行编程模式下，用户可以享受到自动处理复杂任务管理和资源调度的优势，无需过多关注这些过程，从而获得更好的使用体验。

目前，作为一种并行编程模式，Map Reduce 已经广泛地应用于云计算领域。Map Reduce 模式利用自动任务分配和两阶段 Map-Reduce 操作，在大规模计算节点上实现了高效的任务分配和处理。Google 所开发的 MapReduce 编程模型可以支持处理超过 1TB 的大规模数据集，并支持使用多种编程语言，如 Java、Python、C++ 等。Map Reduce 模式的理念在于将问题拆分为两个步骤，即 Map 和 Reduce。Map 阶段将数据切成独立的片段，分配给多个计算机进行处理，以实现分布式计算。在 Reduce 阶段，将处理结果合并并输出。这种方式能够保持文字意思的准确性，但用词更加简明扼要。

4. 大规模数据管理

数据管理是云计算领域需要应对的一个重要问题。除了确保数据存储和访问的安全性，云计算还需要具备特殊的检索和分析能力，以便处理大量的数据。因为云计算需要处理和分析大量分散的数据，所以数据管理技术必须具备高效处理和管理大量数据的能力。

BT（Big Table）数据管理技术与 HBase 数据管理模块是被广泛认可的、优秀的大规模数据管理解决方案，它们分别由 Google 公司和 Hadoop 团队开发。

BT（Big Table）是一种使用 Map 结构对数据进行管理的非关系型数据库技术，它具有分布式架构和提供持久化存储的功能。这个工具提供多种排序选项，可以有效地对数据进行管理。Big Table 采用了一些独特的技术，如 GFS、Scheduler、Lock Service 和 Map Reduce，来开发其自身的系统，与传统的关系型数据库不同。该系统会将所有信息转为对象，随后创建一个广阔的表格，方便于分散式储存大量的有组织数据。Big Table 的目标是在大规模数据和成千上万台机器上实现每秒数百万次的读写操作，并且保持高度可靠的处理能力。

HBase 是一个基于列的分布式开源数据库，它属于 Apache Hadoop 项目的一部分。HBase 与传统的关系型数据库不同，它被设计用于存储非结构化数据。相较之下，HBase 采用了基于列的存储方式，而非基于行的存储方式，这是与其他数据库的一个显著的区别。HBase 是一个出色的可扩展的分布式存储系统，同时也具备高可靠性，这使得它在性能方面表现极佳。利用 HBase 技术，我们能够在低成本的个人电脑服务器上创建一个可扩展的、大规模的结构化数据存储集群。

5. 分布式资源管理

同时运行多个节点的执行环境时，需要保持节点状态同步，以确保正常运行。

此外，还需要在出现故障时提供有效机制，以防止故障节点对其他节点的影响。维持系统正常运行的一个重要技术就是分布式资源管理系统。

此外，云计算系统处理的资源规模通常极大，涵盖数百台至数万台服务器，并且可能横跨多个地理区域。云平台托管大型应用程序资源的稳定运行和提供可靠服务需要具备卓越的技术支持和管理能力。因此，可以毫不怀疑地说，分布式资源管理技术的重要性是不言而喻的。

云计算方案和服务提供商在全球范围内都在积极投入研究和开发，以不断提升其相关技术水平。一种方法，类似于谷歌公司内部所使用的 Borg 技术方案，用于解决问题。此外，在云计算领域，微软、IBM 和 Oracle/Sun 等大型企业也发布了相应的解决方案。

6. 信息安全调查

在云计算领域中，安全问题跨越了多个领域，如网络、服务器、软件和操作系统。因此，我们需要进行全方位的保护措施来确保安全。一些专家认为，随着云安全技术的兴起，传统安全技术将迎来一个全新的发展阶段。

在最近几年里，关于云计算安全问题的关注度越来越高，很多的软件和硬件安全企业都开始积极研发安全产品和解决方案以应对这个挑战。越来越多的传统安全厂商，如杀毒软件、软硬防火墙和 IDS/IPS 厂商，已经加入了云安全行业。

7. 云计算平台管理

管理云计算资源是一个极具挑战性的任务，因为云计算存在着大规模的资源和服务器分布在不同地方，并同时运行着数百种应用程序的复杂性。为了确保整个系统可以持续提供服务，我们需要寻找有效的方式来管理这些服务器。为了保证大量服务器资源得到最佳利用，云计算系统的平台管理技术需要具备出色的资源调配能力，以实现高效的协同工作。云计算平台管理技术的作用是实现轻松便利的新业务部署和开通，快速检测并纠正系统故障，采用智能化措施自动化地确保大规模系统的可靠运营。云计算供应商可以选用三种不同的部署模式，包括公共云、私有云以及混合云，以适应不同的需求。平台管理需要根据不同的模式做出不同的要求。由于不同用户对 ICT 资源共享控制的程度、系统效率和 ICT 成本投入等方面有各自的要求，需要考虑不同规模和管理能力的云计算系统。因此，在设计管理云计算平台方案时，应更关注满足各种不同场景下的应用要求，为每个用户提供更具体、更个性化的定制方案。

Google、IBM、微软、Oracle/Sun 等公司均已推出各自的云计算平台管理解决方案。执行这些计划可以帮助企业整合其硬件和软件资源，从而更有效地管理基础设施、调度、备份等各项管理任务，实现资源分配、部署和监控的更高效率。消除应用对资源的垄断可以使企业的云计算平台充分发挥其价值。

8. 绿色节能技术

保护环境、节约能源已经成为全球共同面临的重要议题。云计算以费用低廉、效率高为其特点。云计算能够在优化资源利用的同时，节省大量能源，从而实现巨大的规模经济效益。云计算已经离不开绿色节能技术，而且未来还将有更多节能技术被引入云计算之中。

第二节 物联网技术与移动技术

一、物联网技术

(一) 物联网的定义

真正的"物联网"概念最早由英国工程师凯文·艾什顿 (Kevin Ashton) 于 1998 年春在宝洁公司的一次演讲中首次展现。艾什顿的物联网观念十分直接：他提出通过使用射频识别等信息感应器件，将所有物品接入互联网，从而实现对物品的智能化辨认和管理。物联网可以说是"物物相连的智能互联网"。其核心包含着三个层面的含义。

第一，物联网的主要结构和基础依旧是互联网，它代表着在互联网的基础上的进一步扩大和深化。

第二，它的用户接口扩展到了任何物体与物体之间，使得它们能够实现信息的交换和通信。

第三，这个网络具备智能化特性，能够实现智能控制、自动监控以及自动操作。

通过上述三层含义进行汇总得到现在公认的含义：物联网利用射频识别

(RFID)、全球定位系统等信息传感工具，根据特定的协议，将各类物品与互联网链接在一起，即可以将信息进行变换并且可以进行通信，从而完成对物品的智能化辨识、定位、追踪、监测和管理的一种网络形式。

（二）物联网的特征及发展意义

1. 物联网的特征

（1）实时性强

物联网由于在信息采集层能够实时地去工作，因此能确保获取的信息不仅具有实时性并且具有真实性，这样在很大的程度上让决策处理的及时性和有效性能够得以保证。

（2）覆盖广泛

鉴于信息采集层的设备相对经济，物联网可以在大范围内收集、分析和处理现实世界中的信息，进一步提供充足的数据与信息，这样就可以在决策处理过程中保证有效性。Ad-hoc 技术慢慢进入人们的视野，具备无线自动组网能力的物联网又一次将其感知范围进行了扩展。

（3）高度自动化

物联网的设计目标是通过使用自动化设备取代人力操作。其三个层次的设备均能够进行自动化控制，所以，一旦物联网系统部署完成，通常人工无须介入，这不仅提升了运行的效率、降低错误发生的可能性，同时也能减轻维护的负担。

（4）无时无刻

物联网系统在部署以后，其自动化运行无须人工插手，这意味着其运作几乎不会受到环境和气候的束缚，可以做到 24 小时不间断的工作。这就保证了整个系统的稳定性和效率。

2. 物联网的发展意义

物联网具有巨大的市场潜力，这是由于它将最新的 IT 技术应用到各个领域。简单来说，这涉及将各类感应和传感器融入电网、铁路等物体中，然后与如今的互联网进行连接，形成了一个连接人类社会与物理系统的网络。在这个联网系统中，强大的中心计算机集群具备实时管理和控制网络内的人员、机器、设备和基础设施的能力。

3.物联网的应用

物联网的应用范围涵盖了众多领域，包括智能交通、环保事业、政务服务、花卉种殖、公众安全、个人健康、家居安全、工业监控、水质监测、食品追踪等。

（三）物联网技术原理和分类

1.技术原理

物联网是一个通过各类信息感知设备，如传感器、全球定位系统等实现的巨大网络。它可以实时获取任何需要被监测、连接或交互的物体，又或是过程的声音、电流等各种必要信息。这个网络与互联网相结合，使得物品（商品）可以互相"交流"，并且无须人类参与。本质上，物联网通过 RFID 技术，利用计算机互联网完成物品（商品）自动识别以及信息的联接和共享。其目的是实现物与物、物与人，所有的物品与网络的连接，方便识别、管理和控制。射频识别（RFID）技术是物联网领域的一个核心技术。RFID，即 Radio Frequency Identification 的英文简写，是 20 世纪 90 年代起流行的一种非常先进的非接触式识别技术。将 RFID 基础系统与中间件技术、网络技术以及数据库技术进行结合，可以构建一个由海量联网的读取设备与无数移动标构成的网络，这个网络的规模甚至可能超过 Internet。这预示了 RFID 技术发展的未来趋势。RFID 技术使得物品能够"自述其状"。在物联网的概念中，RFID 标签内储存着标准化且具有互操作性的信息。这些信息可以通过无线数据通信网络自动收集到中心信息的系统当中去，从而让物品能够进行识别。然后，借助计算机网络的开放的性能，完成信息的共享和交换，使得物品的管理变得"透明化"。

"物联网"的概念颠覆了传统的思维模式。原本，我们习惯于将物理基础设施和 IT 基础设施视为两个不同的领域：一部分包括机场、公路和建筑物，另一部分则包括数据中心、个人电脑等。然而，在物联网的时代中，钢筋混凝土和电缆将与芯片、宽带融合，形成统一的基础设施。在这个层面上，这样的基础设施更像是一片全新的地球工地。

2.物联网可分为三层：感知层、网络层和应用层

感知层可以被视为物联网的"皮肤"和"感官"，它负责识别物体并收集信息。这一层包含二维码标签与读取器、RFID 标签和读写器、GPS、传感器等，主要任务是物体识别和信息收集，这与人体的皮肤和感官功能有着类似的作用。

网络层可以被比喻为物联网的"神经系统"和"大脑",作为信息传递和处理的核心。该层包括通信网络、网络管理中心、信息中心等。网络层的职责传输把通过感知层得到的信息,并进行处理,这与人体的神经系统和大脑扮演的角色相似。

应用层是物联网与行业专业技术深度结合的地方,它结合行业需求,推动行业智能化。这个过程可以类比为人类世界上的社会分工,并且最后会构建起人类社会。物联网注定要催化中国乃至世界生产力的变革。

物联网的关键领域主要有以下几个。

传感网络:这是一个通过各种传感器,监测与集成包含温度、湿度等这些物理现象的网络,同时还是"感知中国"这一概念的重要基础之一。

M2M:这个词国外用得较多,侧重于末端设备的互联和集控管理,中国三大通信营运商都在推 M2M 这个理念。

两化融合:在推动物联网产业发展中,工业信息化发挥着关键的作用,尤其是自动化和控制行业。但是,当前这个行业在对外传达方面相对较为保守。

二、移动技术（5G）

（一）移动技术（5G）定义

5G 即第五代移动电话行动通信标准,也称第五代移动通信技术,拥有每秒数十 GB 的数据传输速度,能够灵活地支持各种不同的智能设备。其中,字母 G 代表 generation（代、际）。IMT-2020（5G）推进组认为,5G 可以通过其显著特征和一系列关键技术来定义。这里面,显著特征可以用"为用户提供每秒 Gbps 级别的体验速率"来描述,而一系列关键技术包括广泛应用大规模天线阵列、超高密度组网、创新的多址技术、全频谱接入和新型网络架构。5G 的特点可概括为高速率、短时延、低功耗、泛在网、可扩展。

（二）5G 的发展

由于 5G 技术将可能使用的频谱是 28 GHz 及 60 GHz,属极高频（EHF）,因此与目前常用的电信业频谱（如 2.6 GHz）相比,5G 频谱要高得多。尽管 5G 能够提供极快的传输速度,达到 4G 网络速度的 40 倍,并且具有低延迟,但其信号衍射能力（绕过障碍物的能力）相对会受到一些限制,并且传输距离较短。因此，需要增设更多的基站来扩大覆盖范围。

自 2009 年起，华为技术有限公司（以下简称"华为"）开始积极进行相关技术的研究，并在接下来的几年里向公众公布了 5G 原型机基站的成果。

在 2013 年 11 月 6 日，华为公布计划在 2018 年之前将会使用 6 亿美元用于投资进行 5G 技术的开发，并且想要在 2020 年提供商用 5G 移动网络，用户将会用到每秒 20 Gbps 的速度。同时，中国通信院在 2013 年初成立了一个由顶级通信行业专家组成的 5G 移动通信技术研究小组，致力于探索和确定 5G 移动通信技术的关键技术和发展方向，同时还确立了与之相关的研究框架。

2016 年 1 月中国通信研究院正式启动 5G 技术试验，为保证实验工作的顺利开展，IMT-2020（SG）推进组在北京怀柔规划建设了 30 个站的 5G 外场。2016 年 12 月华为与英国电信方面宣布启动 5G 研究合作。双方将在英国电信实验室一起探索网络架构、新空口（用于连接终端和基站）、"网络切片"（运营商将更有效地将网络资源分配给特定服务）、物联网机器通信、安全技术等 5G 技术。

2017 年 6 月中国移动 5G 北京试验网启动会召开，会议标志着由大唐电信集团建设的 5G 北京试验网正式启动。2017 年在北京、上海、广州、苏州、宁波 5 个城市启动 5G 试验，验证 3.56 Hz 相网关键性能。2017 年 11 月中国工信部发布通知，正式启动 5G 技术研发试验第三阶段工作，并力争于 2018 年年底前实现第三阶段试验基本目标。

2018 年 2 月沃达丰和华为在西班牙合作采用非独立 3GPP5G 新无线标准和 Sub6GHz 频段完成了全球首个 SG 通话测试，华为方面表示测试结果表明基于 3GPP 标准的 5G 技术已经成熟。2018 年 12 月 10 日，工信部正式向中国联通、中国移动、中国电信发放了 5G 系统中低频段试验频率使用许可。2018 年 12 月 18 日，AT&.T 宣布，将于 12 月 21 日在全美 12 个城市率先开放 5G 网络服务。2018 年 12 月 27 日，在由 IMT-2020（5G）推进组组织的中国 5G 技术研发试验第三阶段测试中，华为以 100 % 通过率完成 5G 核心网安全技术测试。

2019 年 4 月，华为与中国电信江苏公司、国网南京供电公司成功完成了业界首个基于真实电网环境的电力切片测试，这同时也是全球首个基于最新 3GPP 标准 5G SA 网络的电力切片测试。本次测试的成功标志着 5G 深入垂直行业应用进入了一个新阶段。

（三）中国 5G 技术发展前景展望

1. 中国 5G 技术发展增速较快，前景一片光明

5G 移动通信技术是通信技术不断发展和移动用户不断增多的必然产物，也受到了越来越多国家的关注和重视。艾媒咨询分析师认为，从基础条件来看，中国人口众多，资源丰富，近几年经济的发展更是带动了信息产业的超高速发展，整个数据处理能力正稳步提升，同时，中国发展 5G 还具有政策红利，国家早于 2013 年进行 5G 发展战略规划，另外华为等通信巨头频频完成技术突破，助力中国 5G 技术走在全球前列。

2. 5G 在工业互联网领域的创新应用将是重要的经济增长点

智能制造在非常多的新兴领域中，如虚拟工厂，将实现大规模投产和应用，这将给制造业带来彻底的变革。届时，5G 网络将使得柔性制造实现高度个性化生产、驱动工厂维护模式全面升级、工业机器人将直接进行生产活动判断和决策。根据艾媒咨询分析师的观点，5G 和 AI 的结合可能会在工业互联网领域扮演核心角色，从而实现人与机器人在工厂中的共存。这一趋势将引发全新的工作岗位分配方式，并带来显著的低成本优势。

3. 5G 技术在用户端的应用将集中于视频社交领域

从 2G 到 5G，用户的主要社交模式将经历从文字、图片、语音到视频的变革。目前，社交类视频平台依托 4G 互联网技术和移动终端的普及，用户规模增长迅速。未来 5G 网络成功实现商用后，将吸引更多移动终端用户使用社交类视频平台。艾媒咨询分析师认为，5G 技术条件的成熟，将为社交类视频平台发展提供契机，未来还可通过智能技术和 VR 技术应用，进一步提升视频内容丰富度和用户交互度。

4. 5G 技术的应用——机遇与挑战并存

随着新一代高科技通信技术的迅猛发展，信息产业将获得高速推动，全部的产业链的每个环节都将重新组织和调整。从 5G 网络的建设来说，由于系统集成与服务涉及面众多，企业无法单独实现 5G 技术；5G 发展，移动网络架构将趋向扁平化，这将推动存储设备在用户端的部署，同时基站对于存储设备上面的需求也将会得到促进与增长。同时，移动通信运营商与互联网公司将从用户需求出发，深度结合。艾媒咨询分析师认为，为了在未来的 5G 市场持有竞争优势，各方需要通过深入的战略规划和利益权衡来抓住机遇、迎接挑战。

第三节　虚拟增强现实技术与人工智能

一、虚拟增强现实技术

（一）虚拟现实技术（VR）

1. 定义

虚拟实境（Virtual Reality），其简称是 VR 技术，是一种利用计算机模拟创建的三度空间虚拟世界，它通过模拟视觉、听觉、触觉等感官，为使用者提供沉浸式的体验。虚拟现实技术融合了计算机图形学、数字图像处理等分支信息技术，形成了一种综合性的信息技术。利用虚拟现实技术，可以生成模拟的交互式三维动态视景和仿真实体行为，打造出类似客观环境又超越客观时空，能够沉浸其中又能驾驭其上的自然和谐的人机关系。简言之，虚拟现实正是由计算机创造出的让人感觉与真实世界无异的虚拟环境。

2. 基本构成

一个虚拟现实系统的基本构成主要包括：虚拟环境、真实环境、用户感知模块、用户控制模块、控制检测模块。虚拟环境包括虚拟场景与虚拟实体的三维模型。真实环境在增强现实系统中作为环境的一部分也和用户进行交互。用户感知模块包括多种感知手段的硬件设备，如用来显示的 LCD 显示器／头盔显示器 HMD／立体投影和用来发出音效的音响设备，以及各种力反馈设施。同时也包括虚拟场景的绘制软件，不仅需要负责显示三维模型和通知其他感知设备响应，而且要依照用户控制指令进行相应的修正。用户控制模块，包括头盔跟踪器、数据手套、肢体衣等硬件设施。控制检测模块则是将用户指令解释为机器语言的软件插件。

3. 虚拟现实系统分类

根据用户参与虚拟现实的方式和沉浸程度的差异，可以将虚拟现实系统分为四个类型。

（1）沉浸式虚拟现实系统

沉浸式虚拟现实系统的设计目标是为参与者提供全身体验，使他们感觉仿佛置身于计算机生成的虚拟环境中。这种系统通常使用头戴显示器，或者另外的一些设备，将参与者的视听觉与身体上的其他感官通过多通道方式结合起来，以创造一个虚拟体验空间，并且具有一定的完整性。借助位置跟踪器或者其他的一些手控方面的输入设备，参与者可以直接与虚拟世界进行互动。

（2）增强现实型虚拟现实系统

增强现实型虚拟现实不只是借助虚拟现实技术来模拟和仿真现实中的世界，还能够提升参与者在进行虚拟模拟之后，对于真实的现实环境的感知体验。它通过增强那些在现实中难以获取感觉，来增强参与者对真实环境的感知。

（3）分布式虚拟现实系统

分布式虚拟现实系统将分布在不同地理位置的独立虚拟现实系统通过网络进行连接，实现信息共享、多用户在共享虚拟环境内交互独立或协作完成任务。

（4）桌面型虚拟现实系统

桌面型虚拟现实系统是一种借助个人计算机与低级工作站，来仿真的一种技术，它把计算机屏幕看成用户对虚拟世界进行观察的一个入口。利用多种外部设备，如鼠标、键盘等，可以实现与虚拟现实环境进行全面互动。参与者可以借助计算机屏幕来对虚拟中的境界进行观察，在这个虚拟境界中，他们可以看到360度的视野。同时，他们能够利用各种输入设备以及虚拟场景进行相互之间的一个互换，并且能够操纵这里面的物体。

4. 发展历史

从虚拟现实概念出现，到2016年虚拟现实元年开启，虚拟现实经历了三个阶段：

第一阶段：萌芽研发期（20世纪30年代—70年代）。1935年，小说《皮格马利翁的眼镜（Pygmalion's Spectacles）》中描述了一款虚拟现实的眼镜，被认为是世界上率先提出虚拟现实概念的作品。20世纪50年代中期，摄影师莫顿·海利希（Morton Heilig）开发了名为Sensorama的"6D"虚拟现实设备，它不仅拥有立体声扬声器、立体3D显示，还拥有嗅觉、摇椅搭配，后被美军应用于军事训练领域。1968年，计算机图形学之父、著名计算机科学家伊凡·沙日尔兰德（Ivan Sutherland）设计了第一款头戴式显示器达摩克利斯之剑（Sword of Damocles）。

第二阶段：民用探索期（20世纪70年代—2012年）。1987年，可视化编程实验室的创始人杰伦·拉尼尔（Jaron Lanier），创造了术语"虚拟现实"。他的公司 VPL 也研发出了一系列的虚拟现实设备：头显 EyePhone1（售价 $9 400）；EyePhone HRX（售价 $49 000）以及力反馈手套（售价 $9 000）。但因价格问题未能推广。1993年消费电子展上世嘉推出带耳机的 VR 眼镜原型，然而由于技术问题未能成功。1995年任天堂推出虚拟男孩（Virtual Boy/VR-32）3D游戏机，但由于技术原因，这款游戏机会带来严重的晕眩感，任天堂于1年后停止生产此款设备。

第三阶段：在商用发展阶段（2012年至今），一家新兴公司在众筹网站Kickstarter 上推出了名为 Oculus 的 VR 设备众筹计划。这款便携式沉浸式体验设备提供了大视场角和低延迟，并以300美元的价格向消费者开放购买。该计划共获得250万美元的众筹，这家公司在获得1 600万美元的首轮融资后，于2014年以20亿的价格被 Facebook 收购。从 Oculus 开始，HTC、索尼、三星等厂商也陆续入场。目前，虚拟现实眼镜 Oculus rift、HTCVIVE、PS VR 被称为三大虚拟现实头显设备；而国内的 VR 头显厂商包括大朋、蚁视、3Glasses、暴风魔镜、小鸟看看等；著名互联网巨头包括阿里巴巴、腾讯、百度、华为、小米等；内容平台包括优酷、土豆、乐视、爱奇艺等均已开始布局 VR。2016年被称为虚拟现实元年，从这一年开始，虚拟现实进入高速发展期。

5.应用领域

（1）医学应用

VR 在医学领域的应用具有极其重要的实际意义。医学院校可以利用虚拟环境创建虚拟人体模型，并通过跟踪球、头戴式显示器（HMD）和触觉手套等设备，使学生轻松了解人体内部各器官的结构，进行"尸体"解剖和各种手术练习。

（2）娱乐应用

VR 的沉浸感和交互能力能够将静态的艺术形式（如油画、雕塑等）转化为动态的体验。此外，VR 还提升了艺术表现的能力。

（3）军事航天

在军事和航天工业中，模拟训练一直都是一个非常重要的课题，而这也为虚拟现实（VR）技术给予了一定宽阔的应用的前景。自20世纪80年代以来，美国国防部高级研究计划局（DARPA）从始至终都在研究 SIMNET 模拟网络的虚拟战场系统，该系统用于供给坦克协同训练，它能够联结超过 200 台的模拟器。此外，借助 VR 技术，还可以对零重力的环境进行模拟，这样就可以替代传统的非标准水下训练方法，对宇航员进行培训。

（4）室内设计

虚拟现实不只是一个演示媒体，同时也是一个强大的设计的工具。借助虚拟现实技术，设计者能够根据自己的想法完全构建出虚拟的装饰房间，并且能够随意改变在房间当中自己处于什么样的位置，以查看设计效果。这种能力让设计和规划的质量得到了显著提升，也让效率得到了提高。

（5）房产开发

虚拟现实技术代表了当今房地产行业中一种综合实力的表征和标志，它集合了影视广告、动画、多媒体以及网络科技等元素，成了最新型的房地产营销方式。这项技术在房地产销售中起着至关重要的核心作用，同时也在房地产开发的其他重要环节中扮演着关键的角色，包括申报、审批、设计和宣传等方面。这些环节对虚拟现实技术的需求十分迫切。房地产项目的表现形式可大致分为：实景模式、水晶沙盘两种。

（6）工业仿真

工业仿真系统并非仅限于场景漫游，它是一种真正意义上，能够进行指导生产的仿真系统。该系统融合了用户业务层功能与数据库数据，构建了一套完整的仿真系统。它具备 B/S 和 C/S 这两种架构上的应用，能够与企业的 ERP 和 MIS 系统进行恰如其分的对接，同时支持主流数据库，如 SqlServer、Oracle 和 MySql 等。

（7）应急推演

虚拟现实技术的出现引入了一种非常新的应急演练模式，将实际事故现场模拟到虚拟的场景中。在这个虚拟环境中，人们可以人为地模拟多种多样的事故发生的状况，并组织参与者做出一定的正确的应对响应。这种推演方式大幅度减少了成本投入，并对推演实训的时间效率进行了提升。通过虚拟现实技术，人们能够有效培养应对事故灾难的技能，同时不受空间上的一个限制，便捷地组织各地人员进行推演。

（8）文物古迹

借助虚拟现实技术和网络技术，可以带领文物展示和保护进入全新的境界。通过计算机网络，将广泛的文物资源整合在一起，利用虚拟技术在更为宽广的范围里面，通过更全面、逼真的方式将文物进行展现，进一步让文物跨越地域限制，从而让资源的共享得以实现。

（9）游戏应用

即使面临众多技术挑战，虚拟现实技术在充满竞争的游戏市场中也受到了更多的关注和广泛应用。从最开始的文字 MUD 游戏算起，经过二维和三维游戏的发展，以及如今的网络三维游戏，游戏不仅保持了实时性与交互性，同时也在逐步提升逼真度与沉浸感。

（10）教育应用

虚拟现实营造了"自主学习"的环境，这种新型学习方式使学习者通过与信息环境的互动来获取知识和技能。它主要应用于科技研究、虚拟实训基地、虚拟仿真校园这几个方面。

（二）增强现实技术（AR）

1. 内涵

增强现实（Augmented Reality，简称 AR）是一种技术，它借助计算机系统生成的三维信息，来提升用户针对真实世界的感知程度。它把虚拟信息在现实世界中进行运用，并将计算机生成的虚拟物体、场景或系统这些方面的提示信息在实际场景中进行一个叠加，以增强用户对现实的体验。在可视化的增强现实中，当用户使用头盔显示器，就能够把真实世界与计算机图形相融合，从而实现对周围真实世界的增强观察。

2. 发展历程

AR 在历史上的重大突破大概可以分为以下 5 块：

第一，"Sensorama Stimulator"，这个在 20 世纪五六十年代被"VR 之父"发明的设备，可以被视为 AR 技术的源头。Sensorama Stimulator 运用图像、声音等元素，使用户仿佛置身于纽约布鲁克林街道上驾驶摩托车的环境当中。即使使用的这个设备在当时是如此的庞大笨重，但其前瞻性仍然令人叹为观止。

第二，1968 年标志着 AR 历史上的另一重大进步，那就是第一台头戴式 AR

设备的出现。当时，哈佛大学的副教授沙日尔兰德与他的学生携手创造了一个AR设备，沙日尔兰德自己称这个设备为"终极显示器"。

该设备允许用户通过双目镜观察到一个简易的三维房间模型，并且用户可以通过视线移动与头部动作来对视角进行一个变换。虽然设备的用户交互部分是头戴式的，但是其系统主体却相当大且重，不能直接放在用户的头上，而是需要在用户头上方的天花板进行悬挂进行支撑。因此，这套系统被赋予了"达摩克利斯之剑"的名字。

虽然这些发明在技术范畴中属于增强现实（AR），然而直到1990年，汤姆·考德尔（Tom Caudell）研究员（隶属于波音公司），才将这个技术命名为"AR"。考德尔与其公司伙伴发明了一种有助于飞机布线的系统，可以取代粗笨的示例图板。这款头戴设备能够把电线布线图，又或是装配指南，投射在可重复使用的特殊方形面板上。以上的AR投影能够借助计算机在短时间内非常轻松地进行自动修改，从而使机械师没有必要再人工地对示例图板进行再次的改造或制作。

第三，在1998年前后，AR首次在广泛应用平台上得以实现。那时候有一家电视台采用增强现实技术，将橄榄球比赛的得分线添加到了屏幕上展现出来。接下来，天气预报的制作人开始使用AR技术——他们把电脑生成的图像添加到一些真实场景与地图上。自那个时候开始，AR开始迅猛地发展壮大。

第四，在2000年，澳大利亚南澳大学的布鲁斯·托马斯（Bruce Thomas）在可穿戴计算机实验室研制了ARQuake，这是一款首个应用于户外的增强现实手机游戏。在2008年左右，增强现实技术开始应用于手机地图等应用程序。2013年，谷歌推出了谷歌眼镜；2015年，微软公开发行了全息透镜HoloLens，在这两种头戴式增强现实设备的推动下，越来越多的人开始了解增强现实技术。增强现实技术是将计算机生成图像（全息图）与用户周围真实世界叠加，从而创造出的完整的增强体验。

第五，2016年7月，任天堂的VR游戏（精灵宝可梦Pokemon Go）火爆全球，让更多人认识到了AR。

3.应用领域

工业制造与维修领域：借助头戴显示器可以将各种的辅助信息展现给用户，

其中含有虚拟仪表的面板、设备零件图等。

医疗领域：医生能够通过 AR，在对患者做手术的过程中，对需要进行手术的部位通过虚拟建造坐标，以此来实现手术过程中的精准定位。

军事领域：军队可以利用 AR，结合虚拟坐标和地理信息，帮助士兵确定自身位置，获取实时的地理数据等关键军事信息。

电视转播领域：在转播体育比赛的过程中，借助 AR 就能够实时地把一些辅助信息（如球员数据）等都添加至转播的这个画面里面，让观众能够获取非常多的有用资料。

娱乐、游戏领域：AR 能让身处不一样的地点的玩家利用 GPS 与陀螺仪，将现实环境看作游戏的舞台，添加上一些虚拟性的元素，从而实现游戏中的虚实融合。

教育领域：AR 能够把静态的文字、图片上的读物立体化，让读者在阅读的过程中大大增加互动性与趣味性。

古迹复原和数字化文化遗产保护：用 AR 将文化古迹的信息呈现给游客，参观者既能获取到关于古迹的文字描述，同时也能观察到遗址残部方面的一些虚拟重塑。

旅游和展览领域：利用 AR，游客在浏览或参观的过程中可以接收到途径建筑的一些有关的信息，或者与参观展览物品相关的数据。

市政建设规划：利用 AR 把规划方面的效果增添至真实的环境中，从而能直接预览规划效果。

（三）混合现实技术（MR）

1. 含义

混合现实技术（MR）是虚拟现实技术的进阶版本，它借助将虚拟环境的信息展示在现实环境中，构建一个在现实世界、虚拟世界与用户之间的能够彼此进行交互与反馈的通道，从而提升用户的真实感体验。

2. 设备

当今，混合现实主要分为两种类型：

首先，头戴显示设备（HUD），是指将一些图像和文字添加到用户的视野中，并且附加在真实世界目标的表面上。主要应用在娱乐、培训与教育、医疗、导航、旅游、购物和大型复杂产品的研发中。

其次，增强现实，是指除将内容和文字显示在目标上面外，还可以通过计算机生产的对象与真实世界目标进行互动和交流，包括 Sphero BB8 玩具的智能手机 App，以及全息透镜 HoloLens、Magic Leap 等。

3. 相关技术

首先，虚拟化技术，是指将现实的人和物体虚拟化、数字化，达到让计算机能够将现实的人和物体合成进虚拟空间的技术。比如拍摄电影时，演员身上穿着的捕捉动作用的定向反射材料；通过旋转单镜头摄像头，拍摄一个物体的多角度图像，再通过合成技术生成生物体的 3D 建模等。

其次，感知技术，是指通过感知人体，尤其是手部动作，来传递相应信息给显示设备，让设备响应人们的动作。这些感知动作，可以通过摄像头、红外线、LIDAR、重力加速计以及陀螺仪等设备实现。

最后，底层处理和传输技术，混合现实的显示需要大量的实时演算来响应感知器传递来的用户的大量动作信息，并且生成图像呈现在眼前。高速的网络传输让图像数据快速传输成为可能，5G 网络的到来更是增强了网络高速传输的实力。

4. 应用领域

MR 技术可以应用到视频游戏、事件直播、视频娱乐、医疗保健、房地产、零售、教育、工程和军事 9 大领域。

第一，视频游戏。真正的混合现实游戏，是可以把现实与虚拟互动展现在玩家眼前的。MR 技术（混合现实）能让玩家同时保持与真实世界和虚拟世界的联系，并根据自身的需要及所处情境调整操作。类似超次元 MR=VR+AR=真实世界＋虚拟世界＋数字化信息，简单来说就是 AR 技术与 VR 技术的完美融合以及升华，虚拟和现实互动，不再局限于现实，便能让人们获得前所未有的体验。

第二，医疗创变和教育变革。如今，不少教育和医疗机构正利用以 MR、AI 技术为代表的新科技，扬帆起航，整合国内外一线 IT 技术团队、知名教育医疗品牌网络和学校医院的管理团队，以他们的专业视角、敏锐的分析，把握当今最新医疗和教育的科技脉搏，为传统的"医疗影像呈现技术"和"交互式教育环境营造"插上高科技的翅膀。

第三，广电制播。提到广电制播，大家一定会联想到各类科幻电影中，为了让影片具备想象力，常常会加入虚拟人物（生物）与人类演员之间的互动特效。过去这类片段，大部分的虚拟人物都是在前期拍摄，再利用 CG 后期渲染叠加形成特效。

通过 MR 技术，用户能够快速准确地扫描真实场景，并将事先制作的动画和模型精准定位，通过与全息影像互动来延展创作思路，展示 3D 三维效果，尤其是在普通的微电影创作和电视综艺直播中。比如，电影发行方创奇影业使用微软 HoloLens，通过 Actiongram 应用将兽人带到现场，并且与魔兽演员罗伯特·卡辛斯碰拳互动。

第四，汽车设计制造。汽车设计制造是一个流程复杂，周期较长的过程。单就造型设计而言就大致包含：草图、胶带图、CAS、设计评审、油泥模型、材料的选择等过程。MR 技术能让设计师在量产车型的基础上看到真实比例的 3D 设计，帮助工程师和用户了解车辆的复杂信息，或者在真实的汽车物体上添加新的概念和创意，对车型进行快速迭代和更新，将造车流程加速。

（四）AR/VR 的区别

虚拟现实（Virtual Reality），是指在虚拟世界营造部分现实感觉，让人身临其境，最终达到现实世界。增强现实（Augmented Reality），是指在现实世界中添加部分虚拟元素，以此来让现实中的体验更加精彩，最后形成虚拟世界。

1. 侧重点不同

VR 主要是通过完全隔离用户的感官和真实的世界，让他们在一个全部都是由计算机进行控制的信息空间中沉浸体验。而增强现实（AR）则重视用户在真实世界的存在，并试图保持其感官体验的一致性。AR 系统通过将由计算机生成的虚拟与真实这两者环境的混合，进一步将用户对真实环境的认知进行提升。

2. 技术不同

VR 的重点在于构建一个虚拟环境以供用户互动体验。AR 侧重复原人类的视觉的功能，如自动识别跟踪物体并且对周围真实场景进行 3D 建模。

3. 设备不同

VR 通常需要借助能够将用户视觉与现实环境隔离的显示设备，一般采用浸没式头盔显示器。AR 需要借助能够将虚拟环境与真实环境融合的显示设备。

4. 交互区别

VR 因其全虚拟的特性，所使用的装备主要是在用户与虚拟环境的互动上进行运用，如位置追踪器、数据手套等。而 AR 作为虚拟场景与现实场景的混合，基本上都应该由摄像头来捕捉真实的画面，然后在这个基础上融入虚拟元素进行表现与交互，如 Google Glass。

5. 应用区别

虚拟现实技术的核心在于它能让用户在虚拟环境中全身心地体验，激发他们的视觉、听觉、触觉等感官，让他们感觉到这个虚拟环境就如同真实世界一般。然而，这个所构造出来的环境其实并不存在。这个技术因此可以模拟非常多的成本高昂或者具有风险的真实环境，使其在虚拟教育、数据和模型的可视化等领域中都有着广泛的应用。与虚拟现实不同，增强现实并不是用虚拟世界取代真实世界，而是通过提供额外的信息来增加用户针对于真实世界的感受。所以，增强现实的应用更倾向于辅助教学和培训等领域。

（五）技术原理

1. 虚拟现实技术

虚拟现实是众多技术的集成，这其中包含了实时的三维计算机图形技术，宽视角的立体显示技术，跟踪观察者的头部、眼睛和手的技术，与触觉或力觉反馈、立体声音效等技术。

（1）实时三维计算机图形

总的来说，借助计算机模型来生成图形图像并非过于困难，但关键的难题在于实时性。以飞行模拟系统为例，图像的即时刷新至关重要，并且这对于图像质量也有着高标准的要求，以及复杂的虚拟环境等因素，使得问题会格外复杂。

（2）显示技术

在虚拟环境中，每个物体相对于系统坐标系都有确定的位置和姿态，用户亦然。用户能够见到的一些景象是由他们自己的位置以及头部（或眼睛）所在的位置来决定的。在对头部进行跟踪的运动的虚拟现实头盔中，视野的变化传统上是通过鼠标或键盘实现的。在这种情况下，用户的视觉系统和动作感知系统是分开的。然而，利用头部跟踪来改变图像的视角，可以将用户的视觉的系统与动作感知的系统进行链接，从而实现更真实的体验。另一项优势是，用户不只是可以借助立体视觉来理解环境，也能够借助移动头部来对环境进行观察。

（3）声音技术

人类有很强的能力来判断声源的方向。在水平方向上，人们可以通过声音的一个相位差以及强度方面产生的差异来确定声音的来源，这是因为声音到达两耳所用的时间与路程的长短存在着差异。一般的立体声效果就是通过左右耳去接收不同位置录制的声音产生的，因此我们会有方向感。在现实里面，当我们的头部转动时，我们听到的声音的方向也会随之改变。然而，目前在虚拟现实（VR）系统中，声音的方向并不随用户头部的移动而变化。

（4）感觉反馈技术

在虚拟现实（VR）系统中，用户有概率看到虚拟的杯子。尽管他们可以试图抓取它，但他们的手并不能切身感受接触杯子的触觉，甚至可能会穿越虚拟杯子，以上情况在现实生活中是不存在的。一种常见的解决方案是在手套内部安装能够振动的触点，从而对触觉的感受进行模拟。

（5）语音技术

在虚拟现实（VR）系统中，语音输入和输出的作用尤为关键。这就要求虚拟环境能理解人类的语言，并能实时跟着人进行交互。但是，让计算机能够识别人类的语音是一项极具挑战性的任务，语音信号和自然语言信号不仅多种多样而且还十分的复杂。目前，使用人类的自然语言作为计算机的输入存在两大不足。一是效率问题，为了让计算机更好地理解，输入的语音可能会变得过于冗长。二是正确性问题，计算机理解语音的方式主要是通过比对和匹配，但它并没有像人类那样的智能。

2.增强现实技术

虽然人们普遍认为，增强现实技术的诞生源自虚拟现实技术的发展，但两者之间存在着显著的区别。传统的VR技术为用户创造了一个完全沉浸式的虚拟世界体验，仿佛置身于一个全新创造的世界中；而AR技术则将计算机技术融入用户的真实世界中，通过增强现实软件的终端，利用听觉、视觉、触觉、嗅觉等感官接收虚拟信息，从而提升对于真实世界的感受。这实现了从"人类适应机器"到"以人为中心"的技术转变。

二、人工智能技术

（一）含义

人工智能（Artificial Intelligence），简称 AI，是一门专注于研究和开发理论、方法和技术，以模拟、增强以及扩展人类智能的新兴科技领域。它的目标是理解智能的本质，并创建能以类似人类的方式进行响应的智能机器。其研究目标包括使智能机器具备听的能力（如语音识别）、看的能力（如图像识别）、说的能力（如语音合成）、思考的能力（如人机对弈）、学习的能力（如机器学习），以及行动的能力（如自动驾驶汽车等）；做出处理动作，而且还能够根据不断积累的经验进行调整。简单地说，能够做到感知外部事物、具有推断的能力、自动行动、调整优化这四步骤就算是人工智能。

人工智能可分为以下三种类型：

弱人工智能：包含基础的、特定场景下角色型的任务，如 Siri 等聊天机器人和 Alpha Go 等下棋机器人。

通用人工智能：这种形式的人工智能具有达到或接近人类水平的任务处理能力，并涉及机器的连续学习过程。

强人工智能：这是指能力超越人类的机器。

（二）发展历程

1956 年的夏天，科学家在美国达特茅斯学院聚集一堂，探讨"如何让机器模拟人类的智能"。在这次会议中，他们首次引入了"人工智能"这个概念，这标志着人工智能学科的诞生。人工智能的发展过程可以大概分为以下六个阶段：

一是起步发展期（1956 年到 20 世纪 60 年代初）。人工智能这一定义出现后，引发了一系列令人瞩目的研究进展。这些突破性的成果，包括机器定理证明和跳棋程序等，标志着人工智能发展的第一次繁荣期。

二是反思发展期（20 世纪 60 年代到 70 年代初）。人工智能在其初期的发展阶段取得了一些突破性的成就，这极大地提升了人们对人工智能的预期。人们于是开始着手承担更加富有挑战性的东西，并设定了一些过于理想化的研发目标。但是，一系列的失败，以及对预期目标的未能达成（如机器翻译出现的错误等），导致人工智能发展进入低谷期。

三是应用发展期（20世纪70年代初至80年代中期）：在20世纪70年代，专家系统出现了，这些系统可以模拟人类专家的知识和经验，帮助解决在特定领域内的问题。这也意味着人工智能从理论研究阶段迈向了实际应用阶段，同时也将重心从一般的推理策略探讨转向了对专门领域知识的应用。在医学、化学、地质等行业专家系统得到了广泛的应用，并推动着人工智能进入了一个新的高峰期。

四是低迷发展期（1985年到1995年左右）：当人工智能应用的范围越来越广，我们发现专家系统存在一些问题。比如说，它们适用的领域比较有限，基础知识相对缺少，获取知识比较困难，并且推理方式比较单一。此外，它们也不太擅长分布式功能和与现有数据库兼容。

五是稳步发展期（1995年至2010年）：网络技术，尤其是互联网技术的不断进步，推动了人工智能领域的创新与研究，使得人工智能技术更加实用化。IBM的深蓝超级计算机在1997年成功击败了国际象棋世界冠军卡斯帕罗夫，而在2008年，IBM推出了"智慧地球"的理念。

六是蓬勃发展期（2011年至今）：随着信息技术的发展，包括大数据、云计算等，泛在感知数据与图形处理器等计算平台促进以深度神经网络作为核心代表的人工智能技术蓬勃进步，然后迅速缩小了科学同应用这两者中的"技术鸿沟"。例如，图像分类、语音识别等人工智能技术，从"不能用、不好用"发展到了"可以用"，取得了实质性的技术突破，出现了爆发式增长。当今，人工智能相关技术处于狂热期，是推动透明化身临其境体验技术发展的主要动力。人本技术，如智能工作空间等，是推动其他两个趋势的领先技术，这两个趋势涉及透明度和身临其境的体验。数字化平台正在经历快速增长的阶段，未来5至10年，量子计算和区块链等技术将会发生革命性的变化。

（三）发展特点

经历了60多年的发展之后，人工智能已经开始走出实验室，进入了产业化阶段。其具体表现出以下几个方面的特点：

1.深度学习技术逐渐在各领域开始应用

深度学习能够通过数据挖掘进行海量数据处理，主动学习数据的特征。特别是在大数据集中的情况下，即使存在没有经过标记的数据，深度学习仍然可以发挥其作用。通过使用分层网络结构，来对逐层的一个特征进行转换，可以把样本的特征表示向另外一种新的特征空间进行转换，从而更容易地实现分类或预测任务。例如：DeepMind 的软件控制着数据中心的风扇、制冷系统和窗户等 120 个变量，使谷歌的用电效率提升了 15%，几年内共为谷歌节约电费数亿美元。

2. 新型算法不断探索

在深度学习应用逐步深入的同时，学术界也在继续探索新的算法。一方面，继续深度学习算法的深化和改善研究，如深度强化学习、对抗式生成网络、图网络、迁移学习等。另一方面，一些传统的机器学习算法重新受到重视，如贝叶斯网络、知识图谱等。另外，还有一些新的类脑智能算法提出来，将脑科学与思维科学的一些新的成果结合到神经网络算法之中，形成不同于深度学习的神经网络技术路线，如胶囊网络等。

3. 基础数据集建设已经成为基本共识

自从李飞飞等在 2009 年成功创建网络图像 Image-Net 数据集，该数据集就已经成了业界图形图像深度学习算法的基础数据集，通过举办比赛等方式极大地促进了算法的进步，使得算法分类精度已经达到了 95% 以上。这也使得一些大型研究机构和企业逐渐认识到了数据的价值，纷纷开始建立自己的数据集，以便进行数据挖掘和提升深度学习模型的准确率。例如，美国国家标准研究院的 Mugshot、谷歌的 SVHN 等图像基础数据集，斯坦福大学的 SQuAD、卡耐基梅隆大学的 Q/A Dataset（数据集）等自然语言数据集以及 2000 HUB5 English、TED-LIUM 等语音数据集。

4. 基于网络的群体智能已经萌发

2016 年 1 月 1 日，《科学》(Science) 杂志发表了一篇名为《人类群体的力量》(The Power of Crowds, Vol.351, issues6268) 的论文，将群体智慧计算分为三种类型：用于完成任务分配的众包模式（Crowd sourcing）、用于支持较复杂的工作流程的群体模式（Complex work flows）以及用于协同解决最复杂问题的生态系统模式（Problem solving ecosystem）。

5. 新型计算基础设施陆续成为产业界发展目标

由于深度学习对算力有较高的需求，因此相继出现了一些专门的计算框架和平台，如微软的 CNTK、百度的 PaddlePaddle 等。产业界同时也从硬件方面探索计算能力的提升方法，最为直接的方法就是采用计算能力更强的 GPU 替代原有的 CPU 等。此外，谷歌、IBM 等一些大型企业也在探索进行符合自身计算环境的芯片研发，因此产生了 TPU 等性能更加卓越的新型芯片。另外，混合智能技术的趋势促使生物智能系统和机器智能系统之间实现了更加紧密的联系，如脑控或肌控外骨骼机器人等穿戴设备。

6. 人工智能将加速与其他学科领域交叉渗透

人工智能是一门综合性前沿学科，与计算机科学、数学、神经科学和社会科学等学科紧密相连，需要进行深入的交叉和结合来推动其发展。随着超分辨率光学成像等技术的进步，脑与认知科学的研究进入了一个全新的时代。这意味着我们现在拥有了更加精细和全面的理解智力神经环路基础和机制的能力。这种生物启发的智能阶段将进一步推动、改进人工智能的发展，并通过依赖生物学等多个领域的研究，将人类的认知机制变为可计算的模型。同时，这种新技术也将促进传统科学的进一步发展。

7. 人工智能社会学将提上议程

为了能够保证人工智能健康并且可持续发展，促进其发展成果造福于人民，应该进行全面系统的社会学研究，探究其对人类社会的作用，并建立健全的法律法规体系，以避免潜在的风险。2017 年 9 月，联合国犯罪和司法研究所（UNICRI）计划在海牙开设第一个联合国人工智能和机器人中心，以确保人工智能技术的合规发展。特斯拉等大型企业联合组建 OpenAI 机构，目的是推动和促进人工智能的友好发展，从中获得整个人类的利益。

（四）技术原理

人工智能学科研究的主要内容包括：知识表示、自动推理和搜索方法、机器学习和知识获取、自然语言理解、计算机视觉、智能机器人、自动程序设计等方面。

1. 知识表示

知识表示是将知识客体中的各种知识要素和它们之间的联系整合在一起，方便人们认知和领悟知识内容。在计算机中，表示知识的过程就是建立信息元素之间的联系。我们可以将这种描述知识的方式看作一种约定，一种数据结构，可以被计算机接受并加以利用。数据结构和处理机制的结合所形成的整体可以视为一个综合，表示 = 数据结构 + 处理机制，如在 ES（专家系统）中，知识表示是能够完成对专家的知识进行计算机处理的一系列技术手段。在 ES 中知识是指经过编码改造以某种结构化的方式表示的概念、事件和过程。

2．自动推理

自动推理早期的工作主要集中在机器定理证明。机器定理证明的中心问题是寻找判定公式是不是有效的（或是不一致的）通用程序。自动推理的方法有以下两种：

（1）归结原理

这是一种基于普通形式逻辑中充分条件假言连锁推理符号化的推理法则，它被扩展到一阶谓词逻辑中。只要有一个子句不能被满足，在子句集中，那么整个子句集就不能被满足，因为子句之间是通过合取关系相连的。

归结原理是一种推理规则。从谓词公式转化为子句集的过程中能够看出，在子句集中子句是联合在一起的，但凡其中的一个子句不能够得到满足，那么子句集也同样就不能得到满足。若一个子句集中包含空子句，则这个子句集一定是不可满足的。归结原理就是基于这一认识提出来的。

（2）自然演绎法

从一般性的前提出发，通过推导即"演绎"，得到具体陈述或个别结论的过程。

3．机器学习

机器学习涉及多个学科的交叉，比如概率论、统计学、逼近论、凸分析和算法复杂度理论等。它是人工智能的核心，是使计算机具有智能的根本途径。

学习系统由三个基本部分组成：环境提供信息给学习模块，学习模块利用这些信息来更新知识库，执行模块则根据知识库来执行任务，并将所获得的结果反馈给学习模块。

在实际应用中，工作内容的具体形式受环境、知识库和执行部分的影响，因此学习部分需要解决的问题完全取决于这三个部分。

任何一种学习都离不开学习者和环境，它们是构成学习系统的两个要素。学生在接受环境（如书本或教师）提供的信息后，对其进行转化和整合，并将其转化为自己能够理解和记忆的形式，以便从中获得有用的信息。根据学生在实现信息转换时所需推理的难易程度和次数的不同，学习策略可分为以下六种基本类型（按照从简单到复杂、从少到多的顺序排列）：

（1）机械学习

学习者能够直接从环境中获取信息，无需进行推理或知识转换。这类学习系统主要考虑的是如何索引存贮的知识并加以利用。

（2）示教学习

学生通过接触环境中的教师或教材等信息源，将获取到的知识转化为适合于自己内部使用的形式，然后将新的知识与已有知识融会贯通，形成一体化的认知结构。

（3）演绎学习

这个推理方式采用了演绎推理的形式。推理是通过逻辑推断，从一组基本前提（公理）出发，利用逻辑变换的方式得出结论。这种推理方法涉及保持真实性的变换和特别处理，它还包括宏操作学习、知识编辑和组块技术。归纳推理是一种逻辑推理方法，其逆过程是演绎推理。

（4）类比学习

通过类比，在源领域和目标领域中寻找相似的特征和性质，可以推导出目标领域的知识，从而实现学习。相比于前面提到的三种学习方式，类比学习需要更加深入的推理过程。通常，它需要先搜索已知领域（源域）中可用的知识，随后进行转换以适应新的环境（目标域）。

（5）基于解释的学习

教师会提供目标概念和一个例子，学生需要基于领域理论和可操作准则，构建一个解释来阐明例子为什么符合目标概念，接着，将解释转化为一个可操作性准则，成为目标概念的一个充分条件。

（6）归纳学习

归纳学习是一种教学方法，它可以通过给学生提供一些具体实例或反例，让学生通过逐步概括和推理，得出该概念的一般性描述，即归纳学习。这是一种非常基础、相对成熟的学习方法，已在人工智能领域深受关注和应用。

4. 知识获取

知识获取是指从专家或其他专门知识来源汲取知识并向知识型系统转移的过程或技术。知识获取和知识型系统建立是交叉进行的。

计算机可通过以下几种基本途径直接获取知识：

①借助于知识工程师从专家处获取。

②借助于智能编辑程序从专家处获取，MYCIN 系统的知识获取程序 TEIRESIAS 就采用了这种方式。

③借助于归纳程序从大量数据中归纳出所需知识。

④借助于文本理解程序从教科书或科技资料中提炼出所需知识。

5. 自然语言理解

自然语言处理研究能实现人与计算机之间用自然语言进行有效通信的各种理论和方法。自然语言理解分为语音理解和书面理解两个方面。语音理解用口语语音输入，使计算机"听懂"语音信号，用文字或语音合成输出应答。书面理解用文字输入，使计算机"看懂"文字符号，也用文字输出应答。

最常见的两种自然语言理解应用分别是搜索引擎和机器翻译。搜索引擎能够了解人类自然语言的表达，并从中提取关键信息，以便搜索引擎和自然语言用户之间建立更高效和更深入的信息传递。这样就可以实现它们之间的良好衔接。

实际上，搜索引擎和机器翻译密不可分，随着互联网和移动互联网不断丰富语料库，它们的发展方式已经发生重大变化。互联网和移动互联网不仅将线下信息转变为在线形式，还带来了新型 UGC 模式：知识分享数据。这些数据，如维基百科和百度百科都是经过人工校验的词条。社交媒体数据，如微博和微信，呈现了用户的个性化特征、主观意见和时效性。果壳、知乎等社区和论坛为搜索引擎给予了丰富的问答资料和知识库资源。

另外，深度学习的层次结构采用自发学习的黑盒子模式，这使得其在大规模数据中的应用具有不可解释性。但是，人与人之间的沟通必须建立在相互理解的基础上，因此深度学习在搜索引擎和机器翻译方面的效用远不如在语音图像识别领域中的显著成果。

6. 计算机视觉

计算机视觉是一种技术，利用摄像机和计算机处理数字图像，以实现目标的自动检测、追踪和计量等任务，并通过图形处理将其转换为更易于人类观察或用仪器检测的图像形式。计算机视觉的最终追求是让计算机像人一样具备视觉感知和理解世界的能力，从而能够自主地适应不同的环境。

我们可以将计算机视觉识别流程划分为两个阶段：训练模型和识别图像。

训练模型：通过对样本数据进行特征选择和提取，分类器（模型）可以通过使用正样本和负样本进行训练，以检测目标并识别正面和负面的内容。另外，由于样本数据达到了上万的数量，提取的特征也增加了许多。为了减少训练的时间，通常会引入先前的知识来指导计算机的学习，或者限制搜索范围。

图像识别：包括预处理和目标检测，其中预处理会对图像进行信号变换和去除噪声等处理，而目标检测则会利用分类器对输入图像进行分析。通常的检测流程是在待检测图像上使用移动扫描子窗口，并且在每个位置处进行特征计算。然后，利用已经经过训练的分类器将以上所说的特征进行一定的筛选，并以此来对该区域是否为目标进行判定。

第三章　交互设计技术建构

　　"交互"，在传统意义中，一方面指人与人之间的相互交往，另一方面特指人与物（特别是人造物体）之间的关系，如人们对饰品、乐器、玩具和收藏品的鉴赏、把玩和体验的过程。在现代语言环境下，随着计算机和数字媒体的发展，"交互"在这一领域中，特指人机之间的交流与互动。本章主要从交互设计的理论概念、交互行为设计和数字媒体艺术交互设计的方法和流程三个维度进行阐述。

第一节　交互设计的理论概念

一、交互设计的概念

（一）交互设计的内涵

　　交互设计是一门新兴的学科，关注的是如增强令人满意的用户体验。它诞生于 20 世纪 80 年代，起源于 IDEO 创始人比尔·莫格里奇（Bill Moggridge）在 1984 年的设计会议上的一个想法。最初他将这个概念称为"软面"（Soft Face），但由于这个名字让人想起一些玩具，比如"椰菜娃娃"（Cabbage Patch Doll），因此后来被更名为"交互设计"（Interaction Design）。

　　交互设计，也叫互动设计，它致力于定义人造系统的行为。人工制造的物品包括软件、移动设备、虚拟环境、服务、可穿戴设备以及系统架构。交互设计的主要任务是规定特定场景下人工制品的行为方式，同时定义人与人工制品之间的交互行为。交互设计指一个产品如何根据用户的行为而产生互动，以及如何让用户通过一些控制器去控制产品。使用网站、软件、消费产品、各种服务本身就是一种交互行为，用户借助界面与计算机进行信息交互，计算机处理后反馈信息给用户，在使用过程中所感受到的便是交互体验。在大型计算机刚面世之初，用户很可能都是该领域的专家，因此可能没有人注重用户体验。反过来说，当时的计算机世界是以满足机器需求为中心的，程序员必须用打孔卡片来输入机器语言，输出结果也必须是机器语言。那个时候，与计算机交互的重点在于满足机器本身的需求。随着移动设备的广泛使用，计算机用户的普及已经从专业领域扩展到了大众市场。在数字媒体技术蓬勃发展的今天，人们对于交互体验的重视程度愈发提高，这也导致各种新产品和交互方式不断涌现。

（二）交互设计的目的

从设计师的视角看，交互设计旨在创造简单易用、高效且愉悦的产品体验。它的核心在于深入了解目标用户和他们的需求，同时研究用户相互作用的行为和心理特点。通过对各种交互方式的深入了解和改进，交互设计师能够提高用户满意度和产品的整体质量。为了有效地执行交互设计，需要与多个学科的人员进行协作，包括跨领域的合作。设计产品的界面和行为，使得产品和用户之间形成一种有机联系并实现用户的目标，这就是交互设计的宗旨。

二、交互设计的特征

交互设计具有学科交叉的特征，一个成功的交互设计案例背后一定有多个学科之间相互进行融合的努力。交互设计是一种从人机交互 HCI 领域分支而出并形成的新兴学科，它涉及了多个领域的知识，包括计算机科学、人体工程学等，属于一个跨学科的领域。交互设计的作用是设计出供用户使用的产品或交互系统，因此在人与机器或系统的交互设计过程中，首先应该体现以用户为中心的设计原则，理解用户的需求，从审美、人体工程学或计算机科学、软件工程学等方面去研究，这就意味着这些需求定会涉及许多领域的知识。

近年来，随着计算机科学和通信技术的发展，人机交互技术、方法、硬件设备、软件和手段也获得巨大的进步与发展，以人为本的设计原则将会被更加强化和得到具体运用，以用户为中心的这一发展趋势的日益增强也决定了交互设计这一新兴学科具有学科交叉的特征。交互设计具有难以定性的特征，其原因在于，交互设计所关注的是人类的行为，而行为比外观更难以观察和理解。在日常生活中，每个人都会遇到好的或差的交互设计，但给交互设计做个明确的定义却是一件相对棘手的事情，更困难的是用户体验的许多"现象"是隐藏在"界面"之后的，是由看不见的因素决定的。

交互设计是一门基于实践经验总结并不断发展的学科，许多经验总结出的工作方法和解决途径并不是绝对的，因为这些方法和手段会伴随时代的发展而呈现出不同的发展趋势，伴随着软硬件的更新迭代，在反复的改进、尝试和验证的过程中，完善人与系统的和谐交互。

三、交互设计的价值和意义

（一）交互设计的价值

1. 艺术价值

如果我们将产品设计中的内在含义称为交互设计，那么视觉外观就是它的展示方式。通过提供优秀的视觉设计，产品可以与用户建立情感上的纽带，从而增进交互体验。交互界面作为最直接与用户交流的途径，视觉审美对交互设计的作用不可轻视，只有在设计中考虑到用户的情感体验和需求，并将其与产品更好地结合起来，才能真正促进产品与用户之间的交流和互动。在满足了用户对产品与交互信息结构展现的基础上，明确展现的信息是否清晰可读、情感的传达是否准确、用户的交互体验是否愉悦，才能评定一个交互设计作品的优劣。一个成功的设计产品必定在技术水平与艺术价值上都有着很好的体现。一些杂乱无章的网页其信息主次、层级、色彩都没有进行合理的设计，用户操作起来必定毫无头绪。而设计良好的网页，无论在内容的设计上还是在颜色的使用上，都能够让用户一目了然。

2. 应用价值

交互设计的优化可以使产品的使用者轻松地查阅所需内容，快速并且有效地购买目标产品，并在使用的时候能够收获一定快乐，同时符合他们的逻辑，从而得到独有的感觉与精神上的满足。例如，腾讯公司将即时信息软件腾讯 QQ 通讯录全新升级为微信电话本，QQ 通讯录导入微信软件后，不仅仅 UI 界面更加类似微信，在功能上也可将与联系人对应的微信头像导入通讯录中，还可以识别陌生号码、支持来电号码归属地显示等，给用户带来了极大的便利。

3.传播价值

用户对产品的初次印象和品牌认知会受到交互设计的影响，因此交互设计的质量对用户体验和品牌形象有着重要的作用。出色的用户体验设计可以带来市场价值，增强客户对品牌的信任和忠诚度，从而促进销售业绩，达到公司业务的良性发展。例如，美国加州库比提诺的苹果公司，通过生产Macintosh计算机、iPhone手机以及iPad平板电脑、iPod音乐播放器等知名产品已经成为全球最重要的科技电子产品公司，以创新闻名于世界，无论在软件还是硬件的设计上，都具有举足轻重的绝对影响力。

（二）交互设计的意义

交互设计的意义在于提高产品与用户的交互质量，让用户在使用产品时能够产生愉悦的体验并对产品产生部分依赖。优秀的交互设计可以使产品变得简单易用，大大提高用户的工作效率。例如，某个软件系统，用户要进行过一系列的操作步骤才能完成某项简单的任务。交互设计可以使这些步骤转化为一个操作序列，从而使这项任务变得简单，以此提高用户的工作效率。某个学习网站资源较多，但是在进行文件下载时，由于系统疏漏或网页不能自动跳转，用户使用不便，此时，交互设计的任务是调查用户无法完成下载的根本原因，并改进网站以提供更好的下载体验。

四、交互设计的相关技术

（一）人机交互技术的定义

人机交互技术是一种能够使人与计算机进行有效交流的技术，通过计算机的输入和输出设备，可以实现机器向人提供各种信息和请求，而人也能够借助输入设备向计算机传递信息、回答问题和发出请求等。人机交互技术也指通过电极将神经信号与电子信号相连接，达到人脑与电脑互相沟通的技术，可以预见，在未来电脑甚至可以实现人脑与人脑意识之间的交流。

人机交互技术在计算机用户界面设计中占有重要的地位。它与认知心理学、人机工程学、多媒体技术和虚拟现实技术、增强现实技术等学科领域有密切的联系。其中，认知心理学与人机工程学是人机交互技术的理论基础，而多媒体技术与虚拟现实技术、增强现实技术、人机交互技术相互交叉和渗透。

（二）人机交互的相关技术

1. 计算机视觉技术

计算机视觉技术研究的是怎么样让机器通过摄像头和电脑代替人眼对目标进行识别、跟踪和测量等操作。该技术的目的在于通过对获取的数据的图形处理，使得经过电脑处理的图像更适合供人眼观察，或传送给仪器检测。计算机视觉技术是一门科学学科，旨在通过研究与之相关的理论和技术，建立人工智能系统，使其能够从图像或多维数据中提取有用的"信息"。这里所指的信息是"决策相关信息"，指可以支持做出决策的信息，其中包括"Shannon"这一部分信息。由于感知是从感官信号中获取的信息，因此计算机视觉技术能够被理解为研究怎么样让人工系统从图像或多维数据中进行有效感知的学科。当今，计算机视觉技术成功地在视频智能监控、医学图像分析、地形学建模等领域得到广泛运用。

在数字产品中，数码相机的设计功能最为经典。例如，在进行拍照摄影时，镜头对面有人的区域，数码相机便会自动定位识别画面中的人脸所在位置，同时自动对焦，用户只需轻松按下快门即可捕捉到清晰人像人脸照片。在这一技术诞生之前，用户特别是新手用户时常因为手部晃动或碰撞等因素不易对焦，导致拍出来的人像胶片模糊失焦。

2. 语音交互技术

语音合成是利用机器和电子技术生成人工语音的一种技术。TTS 技术属于语音合成领域，它的功能是将文本信息转化为口语输出，以使人们能够听懂计算机自己产生的或外部输入的信息。语音交互是一种新型的交互模式，它基于语音输入，用户只需通过说话即可获得所需反馈信息。常见的使用场景之一是语音助手。自从 iPhone4S 推出 Siri，智能语音交互应用得到飞速发展。如今，越来越多的软件都普遍使用了语音交互技术。例如："高德地图"的语音导航功能，在交互设计上给用户带来了极大的便利；微信的语音输入功能，将普通话转换成文字发送给好友，这在一定程度上提高了输入文字的效率。

3. 手写识别技术

手写识别是将人们在手写设备上书写时形成的连续线条信息转化为汉字内码的技术，实际操作中是手写轨迹的坐标序列到汉字内码的一个映射过程，是人机交互最自然、最方便的手段之一。手写识别可以让用户以最为自然、最为方便的方式来对文字进行输入，具有易学易用的特点，并且可以替代键盘或鼠标。许多手写输入设备可供选择，如电磁感应手写板等。随着移动信息工具，如智能手机和掌上电脑的广泛适用，手写识别技术现在已经开始被广泛使用。手写识别技术应用到智能手机，为人们的生活带来了便利，手机内部的识别系统能够将手写的文本自动转换为标准字体，这项技术使得用户能够更快地输入文字。

4. 虚拟现实交互技术

虚拟现实交互技术属于一种创新的艺术形式，可以通过人机界面对复杂数据进行可视化处理和互动，又称为"灵境技术"。作为现代科技前沿的综合体现，虚拟现实交互技术是一门融合了数字图像处理、计算机图形学、多媒体技术等多个信息技术分支的综合性信息技术。与传统视窗式的新媒体艺术进行比较，虚拟现实交互技术的独特优势在于能够实现人机之间更加互动和扩展性的对话。总的来说，虚拟现实交互技术是以人机对话为基础的新型交互艺术形式，它最大的优点就是通过建构作品和参与者之间的一个对话来将交互过程进行揭示。

5. 多通道人机交互技术

多通道人机交互是指用户在与计算机系统交互时，多个通道之间相互作用、共同交换交互意图而形成的交互过程。在用户的一次输入过程中，可能有多个通道参与其中，而每个通道都只携带了一部分交互意图，系统必须将这些通道的交互意图提取出来，并加以综合、判断，形成具有明确含义的指令。

（三）交互设计的范畴

1. 数字媒体设计

交互设计为数字媒体领域提供了更多的可能。例如，户外数字标牌是一种多媒体视听系统，使用大屏幕作为终端来发布商业、财经和娱乐信息。该广告具备针对特定人群、在特定时间地点播放的特点，这实现了广告效果的最大化。

2. 移动媒体设计

交互设计在移动媒体领域给人们的生活带来了极大的便利。例如，车载多媒体交互系统通过全语音控制功能，成功实现导航、调节空调、雨刮、座椅加热、调节灯光、打开后备厢等基础操作，甚至能实现自动驾驶、自动泊车等高端智能操作。高度智能化的车载交互设计减轻了驾驶者的负担，使驾驶者彻底将双手从控制键上解脱了出来。

3. 网络媒体设计

交互设计在网络媒体领域中，特别是在多媒体交互系统中得到了广泛的应用。例如，视频会议系统可以使用户之间进行实时沟通交流，并且能轻松录制会议或答疑过程，便于后期观看，也可以利用 Word、PPT 轻松展示会议内容，用画笔重点圈注。

4. 互动媒体设计

交互设计在互动媒体领域中最为普遍的就是触摸互动设备，如多点触摸屏。在已上市产品中，苹果的 iPhone 及 MacBook 笔记本最有代表性，微软也曾推出了一款采用多点触控技术的概念产品 Surface。直至 2022 年，国产智能设备绝大多数普及了多点触摸技术。

5. 装置媒体设计

交互设计在装置媒体领域中应用最为广泛的就是新媒体艺术装置。其具有艺术家的设计、作品的自足、观众的参与三位一体的艺术活动性，在装置艺术作品中能够灵活运用新媒体艺术营造非常吸引观众的现场气氛，取得出乎意料的表现效果。我国 2008 年的奥运会开幕式就是这类作品的典范之一。

6. 虚拟媒体设计

交互设计在虚拟媒体中的发展，是人类历史上的重大变革。虚拟现实交互应用改变了人们的生活，被广泛应用于高端制造、国防军工、能源、生物医学、教育科研等领域。例如，福特 Five 实验室的建造，优化了车型的设计过程，减少了资金与时间的消耗，极大地节约了设计成本。

第二节 交互设计行为

一、什么是交互行为

交互行为是指发生在用户与产品之间的连续作用和反应的过程。对于交互行为的考虑是交互设计不同于工业设计的特征之一。工业设计更多强调对于物品实体的设计，如色彩、材料、造型、结构等物理属性，而交互行为设计是指基于某个目的，如采购、交友、健身、休闲娱乐，或者获取某些信息等，对人与物相互作用过程的设计，在这里实体成为响应交互行为的媒介。交互行为设计最终仍然是落在对系统或产品的设计上，但强调的是基于人的行为特征、认知特征，在综合考虑所要达到的某个预定目的或者完成某个任务时，用户与产品之间发生一系列相互作用与回馈过程的基础上，对系统或产品的设计。而最终用户是否顺利地达到目的或者完成任务，以及过程中的使用者体验是判断交互行为设计优劣的重要标准。因此，交互行为设计的基础是对人的行为的分析。通常，分析行为可以从五个基本要素着手：行为主体、行为客体、行为环境、行为手段和行为结果。

行为主体：在交互设计中由于以人的需求为中心，这里即指系统用户。

行为客体：行为指向的客体，在交互系统中是指与用户发生交互的产品或系统。

行为环境：交互行为发生的客观环境。

行为手段：是指用户与产品或系统实现交互行为的手段、工具、技术等。

行为结果：行为主体的行为得到行为客体反馈的结果。

五个要素之间相互联系、相互影响。例如，行为环境发生变化，对于手段或结果等都可能产生影响，或者同一客体，但不同主体，可能采用的手段不同，结果也可能不同等。

用户与产品（系统）间的交互行为，可具体划分为以下两个部分：

用户行为：为了满足自身的信息需求，用户进行一系列的操作行为，如信息输入（inputing）、搜索（searching）、浏览（browsing）和询问（asking）等。

其中，用户行为又分为认知行为和动作行为。人通过认知行为识别、理解、分析物体在某一时刻的状态，经过决策之后，制定下一步的操作指令，由此引出人的动作行为。

产品行为：是指产品对用户操作的回馈行为，如定位、给出搜索结果等，以及产品对周围环境的感知行为，如感知空气状况、温度等。

产品行为包括捕获信号（区别于人的认知行为）、信号分析、反馈等。系统的所有行为都是事先人为设定好的，根据捕获到的信号，经过分析之后，做出不同的决策，进而执行反馈行为。

以用户使用自助提款机取钱为例，为完成这一任务，人与产品（自助提款机）

之间的操作、反馈就属于典型的交互行为：

用户将磁卡插入卡槽（用户行为），提款机要求用户输入密码（产品行为），用户输入密码（用户行为），系统对用户的行为进行反馈，假设用户密码输入正确系统进入主界面（产品行为），用户在主界面选择取款数额（用户行为），系统给予反馈，吐出相应数额的钱币，并提示用户将钱和卡取走（产品行为），用户拿到钱，完成整个交互过程。在此过程中，用户与产品之间发生了一系列相互作用与回馈，最终以用户顺利完成任务结束。

综上所述，交互行为就是用户为完成某一任务与产品或系统的相互作用的过程，而交互行为设计是通过了解用户的行为习惯、认知特征等对系统或产品进行设计，使用户通过简洁流畅的交互过程顺利完成任务，获得良好的用户体验。

二、交互行为的一般步骤

关于交互行为的一般步骤先后有专家提出过不同说法，如唐·诺曼（Donald Norman）提出过交互行为由三个步骤和一个影响因素组成：

目标：交互行为所要达到的目的，即使用者操作的目的。

操作（行为）：基于达到某目标所发生的用户对产品的操作。

回馈与评估：用户对操作行为产生的回馈进行评估，以判断行为结果与预先期望匹配的程度，即是交互设计是否达到交互目的，达到什么程度。

影响因素：情境，即用户操作环境。

另有专家将交互行为分为四个步骤：

第一步，发出指令，即人们把需要完成的任务转化为具体的操作指令信息传达给数字系统，这个过程可能是通过键盘输入，也可能通过语音输入。这个过程可以看作与前述的用户目标相似。例如，用户需要了解什么是交互设计，告诉搜索引擎搜索关键词"交互设计"。

第二步，系统的转换阶段，即系统根据用户给予的操作或指令信息，进行内部计算或搜索等内部运行。

第三步，结果反馈，即系统将计算结果呈现给用户，给予用户反馈。

第四步，评估结果，用户对计算机反馈的结果进行评估，将其与自己期待的目标相互比较，评价目标是否达成，再决定下一步的交互行为。其中，第二个步骤相对于用户来说是系统内部完成的，对于用户来说是隐性的。

以地图导航为例，用户打开 Google 地图，地图定位用户的位置后，用户发出指令，输入要寻找的地点，发起搜索；系统转化，指产品的搜索、定位、内部计算的过程；反馈结果，输出目的地，并给出路线及步行所需时间；评估结果，用户评估所得到的信息是否所需。

以上的地图导航搜索是一个比较简单的任务和交互过程，事实上，我们经常遇到一个交互事件或者说一个任务需要不止一个基本步骤，这时可以将其分解为一个个小事件或者子任务，逐步分析。

例如，在网上为异地过生日的友人定制生日蛋糕。这是一个典型的电脑操作任务，也比较复杂，用户首先建立起任务的最终目标，然后为达成目标将任务分解成多个指向目标的子任务、子目标，在进行每个操作后评估所得到的系统反馈是否让用户达到了子目标，并且是否更加接近最终的目标：在某个城市寻找一个品质较好的蛋糕品牌，为友人预订一个生日蛋糕。子任务一：挑选一个在 ×× 城市公认品质较好的蛋糕品牌（对另一个城市的蛋糕品牌不熟悉，需要通过点评类或一般搜索类网站查询、挑选）。子任务二：去该品牌的网站浏览、挑选生日蛋糕类产品。子任务三：结算，包括填写送货地址、联系方式、确认送货时间等信息，并付款。子任务四：收到商家各种确认信息，完成购买行为。

这里的每个子任务都包含着一系列的交互过程，可以做进一步更细致的分解。例如第一个任务中，在寻找过程中用户需要决定通过哪些渠道了解品牌的情况，选择两三个品牌进行相互比较，如果发现不满意还需进一步重新寻找其他品牌。而在子任务二中，如果所选择品牌提供的蛋糕不符合用户期望，或者所需产品没有货等，可能要回到第一步重新再看其他品牌。但总体来说，当将任务一步步分解为一个基本的交互过程时，其一般步骤可以看作由发出指令—系统内部转换—系统反馈结果—用户评估结果这四个基本步骤组成。

三、交互行为的类型

人们为达成某个特定目标，通过一系列操作行为实现与系统交互。明确用户以哪种行为方式与系统交互，可以决定系统应提供哪种与之相应的反应形式。通常人们与数字系统的交互行为被分为以下几个类型：

（一）指示型

指示类型的交互行为是指用户向系统指示某项工作，而系统便履行此命令。

典型的指示型交互是输入命令，系统给予反馈。例如，当用户需要在电脑 C 盘中创建名为 google 的文件夹时，那么打开命令提示符界面后，在命令输入框中输入命令"md　C：\google\"，系统便会执行用户的该指令创建相应文件夹。指示型交互行为随着数字系统的演化，指示也可以通过直接操作或选择一个命令选项来完成，如自助贩卖机，用户在把钱放进去后，只要按下一个产品对应的按键，机器就会吐出商品，并找零，这是现在常见的一种指示型交互方式。

（二）交谈型

交谈类型的交互行为是指用户与系统对话，系统是人的对话对象，其形式是将日常生活中人与人之间的对话形式移到人与数字系统的对话中，系统应能够提供符合人的对话习惯的交谈型交互反馈。这种类型的交互通过人与系统的交谈递进式完成交互过程，达到帮助用户解决问题的目的。

例如安装程序，通常需要有一系列步骤，系统会一步步指导用户逐渐完成安装过程；Linkedin 中将较为复杂的注册流程分解成多页面流程，一步一步引导用户完成注册，同时顶部显示表单引导告知用户步骤顺序及当前位置。这也是一种系统与用户的交谈方式。交谈型交互方式设计的重点是步骤顺序的设计。步骤顺序是否合理、是否符合用户预期及感知特点，是影响交互行为结果和体验的关键点。

例如，前面提到的 ATM 机取钱就是一个典型的交谈型交互任务，用户在自助取款机的引导下，通过一系列操作取到现金。但我们经常听到人们在取钱后将银行卡遗忘在机器里的事情发生，造成很多麻烦甚至风险。这是因为人们操作的目标是"取到钱"，而一旦反馈结果与目标一致，相当于交互行为的基本步骤已经完成，注意力很容易随之转移，从而造成忘记取卡。如果在交互顺序中设计先取银行卡才能拿走现金，而不是先拿到现金最后取卡，前者由于整个过程中将取现金——达到目的放在最后，因此能够帮助用户保持任务的完整性。

（三）浏览型

浏览是指用户在阅读许多信息后，选择自己需要的信息的交互行为。系统提供的菜单形式是常见的浏览型交互方式，用户在浏览菜单之后选择自己想要的门类启动进一步的内容、进行下一步交互；在搜索出来的信息中进行选择也是一种典型的浏览型交互行为。

就像国内网购平台，京东的商品丰富、种类繁多，用户登录后需要在长长的菜单目录中进行浏览，寻找、选择自己感兴趣的商品种类。浏览型交互行为需要注意的是呈现给用户的数据量，如果数据量太大，用户可能会迷失在海量信息中，因此时刻提醒用户所采用的关键词是什么很重要，因为关键词匹配程度可以帮助用户辨别和选择信息。

Pinterest 网站作为经典瀑布流式布局，在带给用户高效而具吸引力的体验的同时，不断加载数据块并附加至当前尾部的方式也会造成用户在浏览中的位置迷失，因此在用户进行搜索浏览时始终在顶部显示搜索框、搜索关键词，个人账户信息及入口，以保证用户对当前界面的感知和及时操作。淘宝网在用户进行搜索浏览时始终在顶部显示搜索框、搜索关键词，同时将搜索结果中相应关键词以高亮显示，便于用户更明确感知搜索结果与目标关键词匹配程度。

（四）操作型

操作是指用户对系统提供的对象进行操作、编辑等行为，如用户使用 Photoshop 等绘图软件，对一个图片进行编辑、修改。在这样的交互形式中，用户对系统知识掌握的熟练程度，对交互是否流畅、高效有比较大的影响。

另外，一个常见的操作型交互方式是游戏中人物的选择和设定，如在驾驶游戏中，用户模拟驾驶行为在游戏中开车与他人进行比赛，都属于操作型交互行为。对于这类交互行为，系统交互设计应做到以下几点：

①操作对象直观可见，如赛车游戏、被编辑图片或三维模型的变化等。

②即时反映操作行为的结果，如在驾车行驶过程中的拐弯、加速、避让障碍等，均模拟现实中的驾车体验，让用户即时获得反馈、获得真实体验是游戏设计的根本基础。

③避免让用户的操作需要复杂的技能或指令。例如赛车游戏中，系统将用户可选择的配置均直观地展现在界面上，方便用户观察、选择；而软件操作则需要用户具有一定的知识和技能，需要一定的学习才能掌握。

（五）委托型

委托型的交互行为主要是指人机分工，将人不擅长的重复、大量计算等类型的工作委托给计算机。例如：一些购物网站可以根据使用者的浏览记录推荐一些使用者可能感兴趣的商品，在一定程度上减轻了用户自己搜索的负担；手机上的可视化服药提醒应用 Pillboxie，在病人用户进行数次药物服用后，该应用会自动安排服药时间，并于每天进行相应提醒，同时能够为用户的疗程做出每月的统计，用户可以随时查看上个月或者下个月的情况并将该应用记录的服药情况分享给主治医生或家人。

以上五种类型的交互行为并不一定是各自独立的。现实生活中，用户完成一项任务而与系统进行的交互行为过程通常是几种类型行为的组合。

例如，用户使用奔驰汽车的服务系统进行导航的交互过程。车主可以对着服务中心系统说出自己的要求，如"我要去北京故宫，请给我一个路线"等。服务系统接收指令后就会自动接通服务中心，给车主定位，并在综合考虑路况、路线长短等因素后，给予路线规划方案等反馈；在征询车主意见确认最优方案后，将路线图发给车主。这整个过程中既有指令型、对话型，也有委托型的交互行为，是比较典型的复合式交互。

四、交互行为的要素特征

大卫·贝尼恩（David Benyon）在其出版的《交互式系统设计》（*Designing Interactive System*）一书中将交互行为特征总结为以下十个维度：

（一）交互行为频率

交互行为频率是指在一定时间段内行为发生的次数。

交互行为有高频率行为和低频率行为两种。例如，人们可能每天数次打电话，但不会经常更换手机电池。前者属于高频率发生的行为或经常性行为，后者就属于低频率行为或偶然性行为。针对发生频繁程度不同的行为，设计也应有很大区别。设计师应当确保经常执行的操作方便简便，以加快任务的完成速度并提高工作效率。针对一些偶然性的行为则要注意产品的使用易学易记、容易理解。操作频率是界面中组织控件和显示信息时需要重点考虑的行为属性之一，它提醒我们在界面设计中不能简单地罗列产品所具备的功能，这样就能够使用户选择和操作变得更加费时和复杂。可以根据用户使用频率的数据来调整产品界面，将用户使用最频繁的功能和控件放置在更加方便用户使用的位置，或者实现个人可订制的用户界面，而把不常用的功能放在相对次一级位置。区分行为发生频率的空调遥控器的设计和未区分行为发生频度的设计，前者遥控器常规界面只有最常用的按键，用户可以只在需要时推开滑盖，显示出其他操控按键，界面简单清晰，操作干扰少。后者则是所有的常用与非常用按键都在同一层级上呈现，使整个交互界面复杂烦琐，影响了交互行为的完成效率。

在 Google+ 的用户界面中，操作频率较高的朋友、家人、认识的人等控件显示在界面顶端，而不常使用的调整信息布局等按键隐藏在"更多"的按键下，只在需要时调出。这与一些购物网站，在界面空间有限情况下优先显示用户搜索频率最高的商品的道理是一样的，即尽可能帮助用户以最简单的步骤找到需要的商品，提高完成效率。

用户退出 App 的交互路径需要经过数个步骤才能完成，这是通过设计增加退出的难度，使用户不易找到退出控件，降低退出操作频率，在一定意义上有阻止用户退出的意味。

（二）操作约束

主要是指用户在操作时可能会受到时间、工作压力、环境等外部因素的影响和制约。例如，手机或 Pad 类液晶产品在太阳光照充足情况下看不清屏幕，嘈杂的环境下语音输入方式就会受到外界的干扰。有些操作在不着急、平静的情况下可以很顺利地完成，而在匆匆忙忙的情况下则可能会忙中出错。同样的信息平台，在 PC 上的操作和在手机等移动终端上的方式大不相同，任务设定不同，相应的设计也应不同。爱卡汽车网在电脑、Pad 和手机上，由于屏幕大小不同、使用情境不同，影响用户的操作行为不同，界面的信息流布局、信息呈现方式和内容上也做出相应调整。

（三）操作可中断

用户的操作活动，有时会连续地完成，但很多情况下也可能会中途中断。如果出现这种情况，设计应确保行为中断后，用户回来时能够回到"离开时的位置"继续，特别要保证用户不会因为中断而犯错或遗漏某些步骤，如不同终端设施上的同一网站，当在短时间内离开，如查看接收到的信息或接个电话再回来，显示信息依然是离开时看到的位置，这使得用户可以继续浏览，不必再从头看起。

如果用户在微信或 QQ 中输入信息没有完成发出行为就离开，即便隔一段时间回来，系统仍会为用户保留"草稿"，使用户不需要回来后再重新输入。视频下载暂停后，回来可以从中断处接着下载，都是考虑到用户行为中断的情况。还有一种中断是用户在设备间的切换，如本来用 PC，临时改用手机或 Pad。这种中断或切换，应能使用户的信息在不同的设备中无缝连续。

（四）操作中的响应

操作中的响应是指操作发生后，系统所需响应时间，这是系统有效性的一个重要反应，也是影响用户操作体验的重要因素。如果有网站因为服务器繁忙，花几分钟才对用户的操作做出反应，用户会觉得系统已经崩溃了。根据认知心理学的研究成果，用户手眼协作的相关反馈时间是 0.1~0.14 秒，即从用户操作发生到眼睛看到系统的变化，时间不超过 0.14 秒，用户才会感受到两者之间的因果关系。而按钮类操作，系统的反馈时间不应超过 1 秒。当系统给予操作行为的响应超出人们的认知期待，就会大大影响用户的操作体验。有统计表明：

大多数（57%）用户在网页 3 秒内还没加载完的情况下会选择放弃；

世界前 50 名电商网站的平均加载时间是 4.83 秒；

网页信息加载时间每延长 1 秒，亚马逊网站一年的收入就会减少 16 亿美元；

用户对于移动端的系统响应容忍度略高；

访问移动端网页时，74% 的用户的等待极限是 5 秒；

对于移动端 App，50% 的用户会在等待 5 秒后放弃。

因此，系统对操作行为的响应是交互设计中必须重点考虑的内容之一。

（五）多人行为的相互协调

这是交互行为的另一个影响因素，即必须分辨交互行为是由一个人就可以操作完成，还是需要多人协作才能完成。因为不同成员及设施间的信息沟通与合作，会成为影响工作效率的重要因素，也会对系统的有效性产生影响。

（六）行为的可理解性

对于交互任务或目标是否能做出明确的界定，会直接影响相应的行为。例如，如果设计师能够明确设计目标，设计就可以按部就班，朝着最终目标的方向进行。相反如果目标模棱两可，就会给设计带来过于宽泛的可能性和不确定性，影响任务的完成。

（七）行为的安全性

安全第一，交互产品要保证产品和用户行为的安全性，提供设计手段防止因用户失误等原因造成伤害或导致严重后果。

（八）行为的出错

既然是人的行为，出错就不可避免。出错的原因可能多种多样，但作为设计师，应该要考虑当用户出错时可能的后果，并为此做好设计。

（九）行为的效率

应根据行为的类型设计能够提高行为效率的产品或系统。如果操作过程中包括大量的数据输入行为，如需要录入姓名、地址、联系方式等信息，或者需要进行文档的处理，那么键盘、鼠标就是必要的输入设备；而在电脑上画效果草图，具有高分辨率和敏感度的手写板可能是更合适的输入设备；在超市输入货品信息，则只需要手持扫描仪扫描二维条码……因此从提高行为效率的角度出发，应根据不同的任务，设计适合的操作行为，配备适当的设施设备。随着技术的发展，正有越来越多的能够提高行为效率的产品出现，如手机存名片，就不必用户再一一输入姓名、电话、邮件等信息了；搜狗拼音输入法，因为其优秀的联想和记忆功能，并且实现了输入法和互联网的结合，能够自动更新自带热门词库，使得用户自造词的工作量减少，输入效率大大提高，成为目前主流汉字输入法。搜狗输入法能够根据用户当前所处的情景，智能地调整联想词汇候选排序，如输入qlz，在动漫网站上会首选"七龙珠"，在淘宝上会首选"情侣装"，在地图搜索时会变成"七里庄"等，更智能地匹配用户需要输入的词语。搜狗拼音输入法的情境感知功能，无疑会大大提高用户的输入效率。与此同时，语音输入、扫描识别（二维码、条码、文字等）、LBS 等技术的出现给用户提供了越来越多的便利，把麻烦的信息输入转化为简单智能的输入形式，使用户能更便捷地使用。

（十）行为的媒介

行为的媒介是指用户通过什么媒介与系统交互，不同的媒介对设计的要求也是不同的。用户通过不同媒介登录同一网站，相关设计应能够根据媒介的不同提供自适应性设计。

第三节　数字媒体艺术交互设计的方法和流程

一、数字媒体艺术交互设计的方法

数字媒体艺术时期，媒介技术进一步发展到数字影像、数字声音、互联网、虚拟现实等应用上。该时期下的艺术设计在更大程度上扩大了观众的感性认知与体验，利用数字技术创造一种互动式的环境，使设计作品的样式更为新颖与多元。

在众多数字媒体艺术交互设计的方法中，丹·萨佛（Dan Saffer）提出的四种交互设计方法（表3-3-1）较为科学并便于理解。

表 3-3-1　交互设计的四种方法

方法	概要	用户	设计师
以用户为中心的设计（UCD）	侧重于用户的需求和目标	指导设计	探求用户的需求和目标
以活动为中心的设（ACD）	侧重于任务和行动	完成行动	为行动创造工具
系统设计	侧重于系统的各个部分	设立系统的目的	确保系统的各个部分准备就绪
天才设计	依靠技能和智慧	检验灵感	灵感的来源

另外，数字媒体艺术交互设计本质上是一项艺术活动，尽管媒介发生了改变，但它依然遵循艺术学科的美学思想和审美体系，因此也具有以审美为中心的设计方法。下文依次对五种方法进行了阐述。

（一）以用户为中心的设计

以用户为中心的设计（User Centered Design，以下简称"UCD"）是一种注重用户体验、高效实用的设计方法，其以用户为核心，确保用户需求得到充分考虑，让用户获得更好的使用体验。用户中心的设计理念十分直白明了，就是在产品的开发过程中，设计师必须时刻以用户为核心来思考。在 UCD 中，设计师需要以用户为中心，注重研究用户的需求、目标和偏好，并根据这些因素进行设计。设计师需要确定实现目标的任务和方法，并时刻注重用户的需求和偏好。为此，设计师需要在整个项目中贯穿用户数据，并在各个时期引入用户参与，如用户研究、焦点小组等，以确保设计过程中用户始终处于关注的中心。

设计的最终目的是应用，应用的落脚点为用户，用户需求是设计师关注的焦点。设计师采用各种方式来实现设计目标。以用户为中心的设计理念致力于研究用户的工作方式、工作的流程与客户使用习惯等。使用习惯是用户需求当中最重要的环节，使用习惯的获取并非设计师自我臆断，而是通过数据分析及查阅相关的论文专著等得到的客观资料。心理学在此部分起着重要的作用。以用户为中心的核心思想要求设计不能强迫用户改变他们的使用习惯来适应软件开发者的想法。在设计的过程中，设计师应通过不断优化交互界面，最终达到双向满意的结果。

以用户为中心应注意的问题是，这类方法并不是万能的。如果所有的设计都依赖用户的需求和建议，有时会导致产品和服务范围受到限制；设计师也有可能将自己的喜好强加给用户，而这种错误建立在用户需求上之后，设计出来的产品有可能会被成千上万的用户使用，此时，UCD 就变得不那么实际。以用户为中心的设计方法很有价值，但它也只是有效的交互设计方法之一。

（二）以活动为中心的设计

以活动为中心的设计（Activity-Centered Design，以下简称"ACD"）与UCD 不同，ACD 不关注用户的需求和偏好，而是把用户要做的"行为"或"活动"作为重点关注对象。采用以活动为核心的设计，设计师就能更专注于具体的事务处理，而无需过多关注远期目标。所以说，对于设计任务的复杂项目来说，它更具可行性。所以，ACD 的目的是帮助用户完成任务，而不是达到目标本身。

相对 UCD 而言，ACD 更重视客观与数据，更容易找到论点论据与操作方法，ACD 也是以研究为基础。设计师通过调研、访谈及对行为的分析，最终得出用户的使用习惯。设计师需要将用户的行为、任务以及未能完成的任务整理成目录，然后以此为基础设计解决方案，以帮助用户完成任务，而不是仅追求自己的个人意图。

在设计时要重视活动，将其作为设计的核心考虑，设计师在完成固定的任务来寻求解决问题时，每个问题会被研究得非常深入，目标的准确性与研究展开的层次性在此时起到决定性作用。目标的准确性不够会出现只注重目标的内容而忘记目标的类型。就如同设计一个花瓶，设计师设计了一个又一个花瓶，却没有一个花瓶是悬挂式的，或许悬挂式的才是最符合要求的。研究的层次性对目标的准确性起着至关重要的作用，同样是设计花瓶，把花瓶设计分为这样几个阶段：花瓶形式与人为交互研究、花瓶材质研究、花瓶造型研究、花瓶人性化细节研究，就能够很好地避免此类问题的发生。

（三）系统设计

系统设计是一种具有丰富理论化的设计方法，通过组合已有的组件，构建出适合的设计方案，解决问题。系统设计的思路更接近于以产品实际运行方式为模型基础的理念。因此，系统设计方法与隐性产品或后台产品的设计是十分相匹配的，这是因为这些产品与用户的交互相对较少，其中最为关键的是保持其稳定性和迅速性。

系统设计是一种注重组织、严谨的设计方式，尤其适用于解决复杂问题，同时能够给予一个全面的设计方案。设计师在系统设计中充分考虑了用户方面的一个需求，注重了用户的背景，而非仅关注单一的物品或设备。系统设计是对产品或服务的整体背景进行深入研究和细致分析。

系统设计方法不仅限于计算机系统，也可以应用于研究人、设备等各种系统，并且可以清楚这些系统里面存在的相互作用过程。例如一辆汽车，从形式上看是一辆汽车，里面包含着发动机、曲轴箱、变速器、差速齿轮、电子设备、操作器等多个部件，做好每个细节并不代表就可以造出一辆驾乘感很好的汽车。整体的系统性才决定了汽车最终的驾乘感，而驾乘感就是后台和潜在因素共同发挥作用的结果。

系统设计有利之处在于设计师能够从全面的角度审视一个项目。任何产品和服务都需要考虑其存在的依赖关系，因为系统设计要求设计师想到产品和服务与其周边环境这两者间的协同影响。如果设计师注意到用户和其他要素之间的相互作用，他们就可以更好地理解与产品和服务相关的整体情况。同样，系统设计对团队的协作能力是一个极大的挑战。

（四）天才设计

在天才设计中，设计师的智慧和经验是不可或缺的，因为它们对于决策和设计起到了至关重要的作用。经验非常丰富的设计师在历经多种类型的问题后，能够总结出解决方案并运用自己的专业判断力，分析用户需求并设计产品。通常情况下，当需要用户参与时，一般是在设计阶段完成后的阶段，用户会对设计进行检验，以确保设计师达到了预期效果。在一些对保密性要求较高的项目和缺乏资金、时间等资源进行用户研究的项目中，天才的设计师需要依靠自己的创造力和解决问题的能力来开展设计工作。所以，天才设计的成败很大程度上取决于设计师的经验和能力。

经验丰富的设计师在创作杰出作品时，会拥有许多优势，其中包括出色的设计才华。这是一种高效而个性化的工作方式，最终的设计或许体现了设计师独特的才华，比其他方法更为突出。这种设计方法是最具有灵活性的，设计师可以自行决定最恰当的方案。设计师秉持独立思考和自主创新的原则，可能会拥有更开阔的视野和更加自由的创造空间。

苹果手机的诞生就是天才设计所取得的巨大成就，乔布斯回归苹果公司之后，推出风靡至今的 iPod 和 iPhone，成为最顶尖的科技数码产品。苹果的成功很大程度上取决于它的设计理念，在团队合作开发产品的过程中，他们并没有把过多的时间花在用户研究上，虽然他们也谈论"用户至上"，但更多的时间用于动手设计，开发出一个又一个前卫的功能，如 Touch ID（识别指纹并开锁、开启应用程序）、Focus Pixels（连续自动对焦技术）、双击 Home 键可以自动下滑屏幕以方便单手操作等。

（五）以审美为中心

除萨佛提出的四种交互设计方法外，数字媒体艺术交互设计也需以审美为中心进行创作。围绕以审美为中心的数字媒体艺术交互设计体现在图形美、色彩美、音律美、质感美的设计上。

数字媒体艺术交互设计的图形是数字化的，是通过三维建模、渲染，在引擎中形成的电信号图形，它在算法的支持下，更加多元，不仅有拟物化的形象，还有抽象写意的形象。数字图形对真实物理世界进行模拟，对物象进行总结概况，构建出超现实的审美体验。

数字媒体艺术交互设计的数字色彩与传统的造型艺术的色彩相比，色度、亮度、饱和度的范围更为宽泛，颜色更加丰富多样。艺术家运用数字色彩服务作品内容，其中不同的数字色彩代表不同的情感特征或隐含意义，这方面与传统色彩的传达有着同一性。事实上，数字色彩的表现力远远超过真实的物理世界色彩，它通过数字编码引导色彩感知和形象创造，呈现出相对非感性、有层次的视觉效果。

数字媒体艺术交互设计的数字声音与数字图形是一种对应关系，数字声音伴随着图形的变化而变化，缓进缓出，有高峰、有低谷、有留白等，创造出视、听、触觉为一体，且具有交互性的可视化体验。数字声音可以作为主体存在于数字媒体艺术交互中，带动体验者情感，使体验者身临其境。

数字质感指数字化的色彩和光线对虚拟物象材质的表现，通过自然属性的材质或是化学合成属性的材质，在数字色彩和光的辅助下形成美轮美奂的视觉效果。

数字媒体艺术交互设计在展现具有实时交互性数字图像的过程中，数字化物体作为被表现的客体，由此具备丰富的审美艺术性。在进行数字媒体艺术交互设计时，需要将良好的审美体验融入设计体系中，创作出优秀作品。

二、数字媒体艺术交互设计的流程

（一）用户研究

在用户中心设计流程中，用户研究是首先需要进行的步骤，旨在深入了解用户的目标与需求，并将它们与产品的商业目标相结合，以发现用户的潜在需求，从而推动产品服务的创新以及市场方面的开拓。

1. 用户研究的方法

用户研究的方法主要分为五大类。

（1）前期用户调查

前期用户调查，即运用访谈法、问卷调查法等方法，掌握用户特点及与设计对象相关的背景信息。

（2）情景实验

情景实验，即运用观察法、现场研究、验后回馈等方法，对用户任务模型和心理模型、用户角色设定进行内容研究，进而进行用户群细分和定向研究。

（3）问卷调查

问卷调查，也就是尝试运用多种问卷形式，如纸质或在线问卷，以及开放式或封闭式问卷等方式，收集量化数据并支持对定性和定量的数据的分析。

（4）数据分析

数据分析，即运用常见的分析方法，如单因素方差分析、描述性分析、聚类分析等数据统计分类方法，创建用户模型依据，进而提出设计建议和解决方法的依据。

（5）建立用户模型

建立用户模型包括制定任务和思维模型、汇总分析结果，深入探究可用性测试和界面设计方案，为用户提供产品定位及产品设计的依据。

2.用户研究的实施

（1）建立用户档案

①定义目标用户群。针对目标用户群，归纳其各自的特征、使用环境、预期目标等。一个设计的用户群内容，以及用户群中的细分群体，属于商业决策，在制定设计决策阶段，要对用户群大致的范围进行细致的划分和定义。基于差异性，应对不同特点的子用户提供差异化的设计。例如，一个手机软件应用所定义的目标用户群是运动爱好者，那么，可以对不同年龄阶段的用户进行划分，如学生、上班族、退休人员等，通过细分群体的不同特点来制定差异化的设计。

②归纳用户特征。对于不同的产品设计，需要对用户特征进行归纳，包括年龄、性别、受教育程度、使用经验等方面。不同的用户特征归纳也取决于与设计的相关性，它们会影响具体的设计决策。

③归纳使用环境。用户使用环境包括使用场所、硬件、软件设备。归纳使用环境是为了使产品设计更具有针对性。

④归纳用户预期目标。归纳用户预期目标是后续具体任务分析的基础，指对各个用户群所需要完成或达到的预期目标进行整理并统计其重要性和使用频率。

⑤塑造人物角色。以上四个步骤做完之后，设计师要使这些信息得到更好的融合，并将其运用到设计中，就可以塑造虚拟人物角色（用户形象）的方式，更好地帮助设计师从概念上把握大量的需求。

（2）场景模型

场景模型的建立是为了对前期设计进行完善，指描述用户使用产品的具体体验过程，用最直观的形式表示用户与系统之间的交互动作和行为，以及与这些行为相关的使用环境等。把用户、产品和使用场景结合起来，不仅可以清晰地展示用户的一个目标、行为与动机，还可以帮助设计师发现产品使用中存在的问题。

（3）用例描述

用例（Use Case）是指一种描述工作流程形式化、结构化的方法。设计师在使用此类方法时，不需要考虑系统内部结构和行为，而专注分析用户使用系统的特点即可。图例可以使用软件进行绘制，内容由行为者（用户）、用例、系统边界、连接线等组成。行为者可以是一个或多个，行为者使用系统的目标就是用例。

（4）搭建信息构架

信息构架是指对界面信息进行有效的分组与命名。通过按主题、任务、用户类型的分析方法搭建信息构架，创建更适合用户认知的信息架构，以便用户更轻松地找到所需信息，实现其预期目标。

（二）需求建立

实现需求建立的过程包括通过用户研究方式收集用户需求等原始信息，然后采用规范的方式将这些需求转化为产品概念，以便在设计阶段进行分析和应用。这些研究方式可能包括用户观察、用户访谈以及问卷调查等。

1.需求建立的方法

交互设计师通过结合用户调研、商业机会以及技术可行性，来创建概念以满足数字交互产品目标用户的需求，目标有概率涉及新的软件、产品、服务或者系统。这个过程可能需要多次迭代，在每个迭代周期中，可能涉及头脑风暴、交流、概念模型的细化等活动。

（1）确定关键利益相关者

首先，要确立受到项目影响的关键者，了解谁将对项目的展开范围拥有最终的发言权；其次，确定谁将运用这个产品和服务，为了满足他们的需求，必须要考虑到他们的意见。常见的利益者有运营市场、商业获利者、产品用户。

（2）抓紧利益相关者的需求

征求利益相关者的意见，对他们进行提问，从中获取信息，并运用多种方法来抓住这些需求。比如，通过单独面谈、共同采访、运用"用例"、创建一个系统或产品原型等方式，了解他们的看法，收集尽可能多的需求。

（3）解释并记录需求

将收集到的需求进行整理和归纳，并确定哪一个需求是下一步可以实现的，产品要怎样来实现。首先，将需求进行精细的定义，按优先顺序排序之后，进行影响分析，理解项目对现有流程、服务及用户的影响，并解决矛盾需求事项。其次，进行新的需求的可行性分析，确认新的需求如何才能可靠并便于使用，帮助研究主要问题。最后，用书面形式将研究结果和商业需求做一份详细报告，对产品进行详细的规划。

2.需求建立的实施

（1）制定设计目标

①商业目标。商业目标指设计能实现的，如成本开发、销售、竞争等方向的具体指标。

②用户目标。用户目标指设计所针对的用户群，以及设计能为用户群解决的问题或实现的目标。

③成功标准。成功标准是设计产品是否成功的基本指标，任何产品的开发必须要进行有效的数据研究。

（2）制定设计原则

①通用的设计原则。简单、可见性、一致性、引导性、容错率、使用效率、反馈，这些设计原则在设计中从过去一直沿用至今，通过这些设计原则可以指导并完善整个设计流程。

②相应的设计原则。对于不同的项目设计目标，设计原则可能不同，因此制定相应的设计原则是很有必要的。例如：设计的目标是提高网站销售效率，那么

设计原则就可能是减少购买时的点击步骤，并加入实时安全的校验方式；软件要想吸引用户下载并使用音乐播放器，那么在推广的基础上，设计原则就可能是增加新颖的模块设计或用户互动体验，如分享歌曲即可免费下载高品质的歌曲等。

（三）构建原型与界面呈现

1. 构建原型

在设计的整个流程中，原型的建立是不可避免的，它在探索和传达交互设计方面，并在设计评估和决策时起着重要的作用。设计师可以利用用户调研获得的用户行为模式，构建虚拟用户形象、场景（产品使用环境）或者情节串联图板（叙事性的图像表达）来描绘设计中产品可能的形态。原型的构建主要包括三部分：

（1）需求内容的呈现

需求内容最基础的是以文字和多媒体为载体，通过文字和多媒体把需求内容呈现给用户，设计师需要将信息分主次地传达，这是设计最基本的目的。

（2）导航和链接

除了内容的呈现，原型构建还存在着大量的导航和链接，也就是信息架构。信息架构的目标就是以最短时间、最方便的形式让用户能够快速找到想要的内容。

（3）数据的交换

数据的交换就是指产品与用户间的互动，设计师通过数据的交换给出合适的、及时的操作反馈和容错性原则，广泛地接受修改建议，有选择地对原型进行不断改进。

2. 界面呈现

一旦用户模型确定了，设计师便会使用线框图表现设计对象的行为以及功能。线框图可利用分页或分屏的方式来展示系统的详细信息。界面流程图被运用于阐述系统如何进行操作流程。

图形用户界面的所有元素与其内在的组织关系是网状结构，一般采用两种方式实现：一种是通过撰写代码，在计算机内部运行并呈现于显示器上；另一种是界面的原型通过人工转换与移动的方式模拟图形用户界面的运行。纸质界面的模拟方法已被证明是最有效的设计与改进图形用户界面的途径，其优势是构建快速、成本较低，故被广泛采用至今。

（四）测试与评估

在产品开发过程中，测试与评估是必不可少的一个环节。通过原型测试获取评估信息，验证产品概念、功能概念、交互概念三个层次的问题。原型测试与评估必须在用户的实际工作任务和操作环境中进行。它不仅仅是简单的用户调查和统计分析，其中最为关键的是应该根据用户进行实际演练之后，客观地分析与评估其完成任务的效果。测试与评估的方法可以分为以下四类。

1. 用户模型法

用户模型法是一种数学模型，用于模拟人和机器之间的交互过程。它将人机交互视为解决问题的一个过程。用户模型法可以用来预测用户完成操作任务的时间，这类方法适用于某些项目在开发后因隐私原因或时间限制，不能够完成用户测试的场景。在人机交互领域中，最广为人知的预测模型是 GOMS（Goals、Operators、Methods、Selections）模型。

2. 用户调查法

针对用户展开研究的方法有两类，一类被称为问卷调查法，也叫作书面调查法或填表法，它采用书面形式获取研究材料，是一种间接的调查方式；另外一类方法是访谈法，也被叫作晤谈法，它是一种基于面对面交谈的心理学研究方法，旨在了解受访者的心理和行为。在社会科学研究、市场研究和人机交互学领域，这两种方法一直被广泛使用，它们可以快速评估、测试可用性并进行实地研究，从而了解产品自身的情况、用户的行为和看法以及心理方面的体会。

3. 专家评审法

专家评审可以采用两种方式进行，即启发式评估和走查法。启发式评估是一种软件可用性评估方法，它采用一组简单、通用而且具有启示作用的可用性准则来评估软件的可用性。专家会采用被称为"启发式原则"的一组可用性规则来指导他们评估用户界面元素（比如对话框等），以确定它们是否符合这些原则。走查法包括认知走查和协作走查，走查法是由经验丰富的业务专家来完成的，召集测试用户把这个任务完成，可以从用户使用系统的视角去对系统的可用性进行评价。此方法的主要目的在于识别那些新用户在对系统进行使用的时候有概率会遇到的一些困难，特别是在完全无任何用户培训的系统中更加适用。

4．用户测试法

用户测试法是一种通过给用户指定任务并让其在执行任务的过程中看到产品设计缺点，为产品优化提供检验依据的方法。根据测试产品的不同特点，可以采用多种用户测试形式。用户测试可以用于产品设计阶段，如测试产品原型、产品发布前具有可优化的可用性问题，产品发布后，它也可以为下一个版本的优化提供依据。

用户研究、需求建立、构建原型与界面呈现、测试与评估这四个流程，其基础主要是围绕用户分析，并且根据客户的目标进行开展，主要是通过制作产品原型来展现设计概念，同时再依照着特定原则来测试和评估。提供了系统、规范、有效的方法和形式，适用于数字媒体艺术交互设计中的不同阶段。

第四章　交互设计中的用户参与

随着用户体验成为交互设计领域研究的第三次浪潮，将用户参与作为一种体验来研究成为交互设计的新视角。用户参与是用户注意力被吸引，参与和系统的互动，专注于互动过程以至于失去了对自我、时间和环境的意识的一种状态，是行为、认知和情感的有机组合。本章主要从人机交互领域中的用户参与概述、交互设计中的共式参与和创造式参与三方面进行阐述。

第一节　人机交互领域中的用户参与概述

一、用户参与的理论背景

（一）人本主义心理学与高峰体验

人本主义心理学兴起于 20 世纪五六十年代的美国，与传统只研究人的行为而忽略人的内心活动的行为学派和关注异常心理的精神分析学派不同，人本主义心理学派作为心理学上的"第三势力"，特别关注人的正面本质和价值，并强调人正向的心理发展和个人成长的价值。人文主义心理学以人为中心的思想，源自西方哲学家齐克果、尼采、沙特等人的"存在主义"，强调人不是受外在刺激或潜在意识所控制的有机体，人是具有独特性、完整性和能动性的个体。人有自由意志以及迈向自我实现的力量，可以选择和决定自己的行为，操控自己的命运，有一定可以改变周围环境的能动性。

人本主义心理学创始人马斯洛（Maslow）在 1943 年出版的著作《人类动机理论》中提出了人的需要层次理论，指出人的基本需要可以分为五个层次，它们分别为生理需要、安全需要（包括生命、财产）、社交需要（包含爱与被爱、归属与领导）、尊重需要和自我实现的需要。自我实现的需要是人的最高层次的需要，是一个连续不断的发展过程。自我实现也是人们追求的目标，是人的终极目标，也就是一种希望自己越来越成为所期望的人物，完成与自己的能力相称的一切事情的愿望。不仅如此，同其他基本需要不同，别的需要一经满足就自行消失，不再作为需要或者至少不作为占优势的需要而存在，而自我实现则永远不会消失，他的本质是一种单纯的、终极的价值，或者说是人生的目的。

在人自我实现的创造性过程中，会产生一种所谓的"高峰体验"的情感。随后，马斯洛在 1964 年出版的《宗教、价值观和高峰体验》中指出，高峰体验是"最快乐和最满足的时刻"，是人存在的最高、最完美、最和谐的状态，这时的人具有一种欣喜若狂、如痴如醉的感觉。人们在生命中一直在主动地寻求高峰体验作为自我实现的一种途径，即"真实自我的实现"。高峰体验促使人不断地、积极地超越自己和实现自己，也是用户参与的最本质动力。

(二)心流理论

人本主义心理学推动了积极心理学的形成和发展，在西方心理学界引起了普遍的兴趣和关注。积极心理学关注于人性中的积极方面，致力于使生活更加富有意义。对于积极心理学的研究，当前主要集中在研究积极的情绪（包括快乐、满足、愉悦等）、积极的个性特征（包括开朗、健谈等）、积极的心理过程对生理健康的影响等方向。

米哈里·契克森米哈赖（Mihaly Csikszentmihalyi）首先将主体积极参与某项活动的行为纳入积极心理学的研究对象中。他在 1975 年提出的"心流理论（Flow Theory）"，又被人们称为沉浸理论，这一理论解释了人们在进行某些活动时为何会全身心投入其中，并且过滤掉所有不相关的知觉，进入一种沉浸的状态。心流描述了一种整体的感觉状态和高峰体验，即当某人完全参与并高度专注于某项具有明确任务、有一定挑战的活动中时，高度专注于活动本身，忽略自我、时间和外部环境，与活动融为一体，并处于陶醉、高度兴奋、感到充实的状态。

心流状态是一种自动的、不需花力气的，但又高度集中的感觉状态。可能产生心流的各种场景和活动包括工作、玩耍、运动、性和爱情、食物、阅读、写作和思考等。使一个人在活动中产生心流体验的要素主要包括：人热衷于所从事的活动；人专注于所从事的活动；人感觉不到时间的流逝和外部环境的改变；活动有明确的目标；活动有清晰、即时的反馈；人对活动具有合适的操控感；活动可以排解人的忧虑；活动的难度适当，既有足够的挑战，又不至于让人产生沮丧和焦虑的心情。

与高峰体验对自我实现的意义类似，心流体验也具有内在的回报，有助于自我的成长。正如契克森米哈赖所指出的那样，每一次心流体验都提供了一种发现感，一种将人们带入新现实的创造性感觉。它将人推向更高水平的表现，并出现以前未曾有过的意识状态。简而言之，心流产生令人愉快的体验，这种体验蕴含新鲜感和成就感，具有一种内在的奖励，促使一个人反复地参与这项活动，追求更好的表现，并带动其自我成长。它通过使自我变得更加复杂来改变自我。心流的理论和特征研究，在人机交互领域有关用户体验的研究中被广泛讨论，对用户参与的理论和特征研究也产生了深远影响。

（三）人机交互的第三次浪潮：用户体验

用户行为、认知目标的实现和技术的可用性、易用性及使用效率，是早期人机交互研究的基本关注点。随着计算机的普及，人机交互领域对系统工具性的狭隘关注受到了挑战，有学者提出将个人体验作为研究关注的一部分，重点关注产品的非工具性方面，从而建立更加完整和全面的人机交互研究体系。设计心理学专家诺曼在 1995 年的人机交互会议上首次提出"用户体验"一词，标志着人机交互领域的研究对象从人机界面（Interface）和可用性（Usability）向个人体验（Experience）的转变。用户体验的研究是在实用主义哲学的背景下产生的。实用主义哲学代表人物约翰·杜威（John Dewey）强调人类经验的重要性，这种对人类经验的务实观点强调行为、情感、情境等各方面的相互作用及其对人的影响，为人机交互研究范式由关注系统可用性与易用性向关注用户体验的转型提供了理论基础。

在人机交互环境中，用户体验是一个人的感知和反应，是用户与人工制品的互动过程产生的一种主观感受，包含了用户所有的情感、信念、喜好、感知、身体与心理反馈。研究指出，用户体验受到各种元素组合的影响，包括如外观、材料、功能、可用性等人工制品的质量的影响，以及情绪、期望、活跃目标等用户的个人状态的影响。用户体验研究的维度包括通用用户体验、情感（情绪）、享受（乐趣）、美学（吸引力）、享乐质量、参与（流动）、动机、挫折、价值观和自发性等，其中情感、享受和美学是最常被评估的维度。

用户体验拓展了交互系统作为工具的概念，为用户提供了全新的价值。优化技术的非工具方面对用户和系统都是有益的，来自互动的积极体验既可以对用户的幸福产生积极影响，有助于改变和规范用户的情感状态，又有助于提高产品的价值。人机交互领域对用户参与的研究是在对用户体验关注的背景下开展的。

二、用户参与的层次研究

学者对不同领域用户参与的层次进行了讨论，明确了用户参与是一种多层次的状态和体验。基于对多媒体培训系统的用户参与研究，查普曼（Chapman）等人提出用户参与有被动或主动两个层次。被动参与通常指用户作为内容的接收者，付出相对较少的努力来参与到与系统的互动中，如看视频、浏览广告等；主动参与是指用户积极、主动地参与到交互中，涉及有意识的思考、比较、批判性思维、推理等更高层次的认知活动，如游戏、搜索信息等。基于对用户参与的层次变化的共识，国内外许多学者对用户参与的产生和发展过程进行了分析。

总体来说，在不同的交互过程中，用户参与在用户角色、主动性、认知投入、参与程度、互动时间和对结果的影响程度等层面具有显著不同。基于用户认知、情感和行为投入的程度，用户参与可以被确定为四个阶段，其定义和特征主要包括：①即时参与，即临时的、短暂的参与，主要由界面的审美吸引力或新颖性及用户的动机、兴趣、能力所致。②持续参与，当用户能够保持注意力并对交互感兴趣时，可持续地进行互动。这个阶段具有积极情绪的特征，用户希望通过自定义界面以满足他们的需求，并从应用程序接收适当和及时的反馈。他们希望在某些互动过程中失去对时间和其他事物的意识，但在存在社交的情境下保持对他人的认识。③创造式参与，当用户积极地参与与系统的互动，积极地投入认知时，这种参与的模式可以使用户保持对系统的长期兴趣。④脱离参与，用户脱离与系统交互。这种情况发生的原因有很多，如技术的可用性（挑战和交互性）不足、环境中的干扰，以及对交互结果不满意等。其中，交互结果满足用户期望与否，将会直接左右用户的情绪，从而影响用户与系统互动的意愿。

三、用户参与的属性研究

属性是指同一类事物的共同性质和特点。对用户参与的关键属性进行分析和总结，是为了提炼在不同目的、领域和情境中的人机交互中用户参与的共同特点和构成因素及影响因素。通过对用户参与属性的研究，可以为评估、量化和预测用户参与提供理论和工具的支持，为用户参与的设计提供理论和方法的指导。总的来说，用户参与的属性涉及不同层面，与不同理论的属性有所交叉。

（一）用户参与属性和心流属性的关系

由于参与的理论基础来自心流理论，因此心流理论是提取用户参与属性的基础理论。雅克（Jacques）首先提出了参与的六个属性构成，包括注意力（分散或集中）、继续任务的动机、感知控制（存在或不存在）、用户体验到的需求满足，以及用户对时间的感知（缓慢或飞速流逝）和态度（消极或积极）。韦伯斯特（Webster）认为参与作为心流体验的一个子集，具有心流的一些属性，如控制、挑战、注意力、反馈、动机等。

这两个概念属性之间的差异也是讨论的重点。韦伯斯特等人认为相对于心流来说，用户参与更为被动。因此，控制和互动不是产生用户参与体验的必要条件，它的发生无须用户主动地控制系统。对于观看电影、听音乐等活动，个体并不是产生内容的主体，不一定要积极地投入活动中，属于被动参与。相反，近期的研究表明，控制是产生参与体验的重要因素，用户是否能够感受到"掌控"感将显著影响参与的程度。根据契克森米哈赖的研究，心流产生的另一个必要条件是内在动机，即用户对活动要有强烈的内在兴趣才可能发生。内在动机并不是产生参与的必要条件，因为用户参与到互动中时可能并没有明确的目标，在非自愿使用系统期间也可能会产生引人入胜的参与体验。此外，心流的发生需要用户持续地长期关注活动本身并且失去对外部环境和自我的意识，在今天的多任务和动态的计算机环境中，用户参与的发生并不需要用户全身心地关注活动本身。

（二）用户参与和其他体验属性的关系

参与的属性还与美感体验、玩乐体验和信息交互的属性存在着交叉。美感体验通常与交互系统界面的表现形式和视觉效果直接相关，通过影响用户的感官感受、情感因素、用户兴趣等层面来影响用户的参与。在游戏交互领域，研究表明，即时的系统反馈、明确的目标、经验、平衡的挑战性、生理唤起度、社交存在感等影响玩乐体验的因素均为参与体验的基本属性。两者的差异在于玩乐体验是一种令人愉悦的体验，而用户参与可能涉及更复杂的情绪。由于用户参与交互的本质是用户与计算机之间进行一定的信息交换，因此用户参与的属性与信息交互的属性也有所交叉。例如，在对多媒体教育、演示软件进行深入研究时发现，参与受到反馈的即时性、内容丰富程度等信息交互属性的影响。

（三）用户参与属性框架

基于已有研究和对用户网络购物参与程度的问卷调查结果，奥布莱恩（O'Brien）和汤姆（Tom）提出了一个相对全面的用户参与的属性清单，概括用户参与的主要属性，包括：美感，视觉美、自然和令人愉悦的系统；情绪，用户对系统的情绪反应；注意力，专注于一种活动而忽略所有其他活动；挑战，为完成活动付出的努力量；控制，用户感知到的掌控；反馈，来自任务环境或系统的响应或反应，用于传达用户过去操作的适当性或展示针对特定目标的进度，以作为未来行动的基础；兴趣，引起特别注意的感觉；动机，引起关注或希望继续进行活动的元素；新奇度，各种视觉或听觉的、突然和意外的、引起兴奋或喜悦的变化；时间感知，用户对花在任务上的时间的感知。在后续的研究中，通过大量问卷调研对上述属性进行的因子分析概括了参与的六个属性，即可用性感知、美感、新颖性、参与度感知、注意力集中和耐久性。基于上文提出的六个参与属性，北卡罗来纳州立大学研究团队对电子游戏的用户参与进行了相关研究。他们邀请了 572 名用户填写问卷报告他们曾经的游戏体验，共收回 413 份有效问卷。与最初研究中提出的六个属性相比，问卷结果的探索性因素分析揭示了四个主要的游戏用户参与属性——集中注意力、感知可用性、美学和满意度。进一步的有效性分析表明，经过修订的四个参与属性比六个属性更能预测游戏性能。此外，对比基于心流属性的问卷与基于用户参与属性的问卷结果显示，基于用户参与属性的问卷比基于心流属性的问卷能更好地预测游戏性能及用户参与。基于用户参与属性的问卷可以更好地用于视频游戏研究。综合上述的所有属性研究，本书基于奥布莱恩等提出的六个主要用户参与的基本属性详细总结了它们的主要特征。

①可用性感知（Perceived Usability）。每一个互动任务都与用户技能的匹配程度和参与者能否达到心流状态的可能性直接相关。响应时间长、内容混乱、导航提示不一致、页面布局混乱等易用性差的系统，可能会转移用户的注意力，使

他们从专注于体验本身抽离，转而投入更多的精力去理解系统、寻找目标等。

②美感（Aesthetics）。研究显示，用户经常表现出对基于视觉的多媒体的强烈偏好，插图等具有美感的元素有助于用户对网站产生良好的第一印象，因此学者开始将用户参与系统的审美体验联系起来。用户参与的程度由系统"捕捉并吸引用户兴趣""吸引人们参与"和"鼓励互动"的能力决定。美感指系统带给用户的视觉美和审美的愉悦性，决定用户对系统的最初认知，进而决定用户的关注程度，以及他们期望实现的参与程度。

③新颖性（Novelty）。内容的新颖性可以有效保持用户的注意力，特别是当网页通过链接引入与用户目标相关的内容时，用户会产生强烈的探索欲望。兴趣、内容新颖性和用户目标之间的一致性，将会影响用户对当下情境的认知评估，以及是否继续互动的意愿。例如，为使用搜索功能的用户提供超链接，只有当链接与自己想要搜索的内容一致，并且可能是他并不清楚的内容时，他才会选择点击链接。

④参与度感知（Perceived Involvement）。参与度感知与精神活动的集中程度有关，是指用户在互动过程中认为的互动的有趣程度，以及他们认为的自己被系统所吸引、专注于互动的程度。

⑤注意力集中（Focused Attention）注意力集中是基于用户对时间、环境的感知来定义的。当人们只专注于一个刺激源而忽略所有其他刺激时，会忽略时间的流逝，以及周围环境的变化，全身心投入其中。注意力集中的程度可以有效地指示用户参与的程度。

⑥耐久性（Endurability）。耐久性是用户对某项任务成功的预期，是用户对互动经验整体的评估。耐久性决定用户将来持续使用某个应用程序或向他人推荐该应用程序的意愿，也是用户参与是否由即时参与向创造式参与深化的主要决定因素。

总的来说，这六个属性之间还存在着一定的关系。审美判断不仅仅是基于用户对系统的第一印象，系统的可用性感知也与其视觉审美性交织在一起。用户对系统的美感和新颖性的评估将影响他们的注意力集中和参与度感知，进而影响他们对系统的可用性感知。换句话说，用户对系统可用性的感知影响了美感、新颖性、参与度感知和注意力集中，所有这些因素都将预测用户对体验的耐久印象，以及他们在另一个时间点参与应用程序的意愿。这些属性一起作用于用户对整体体验的评价。

　　本节通过文献综述，讨论了用户参与的三大理论背景，得出用户参与的基本概念，梳理出用户参与多层次、多属性的理论框架。现有针对用户参与的讨论和研究的理论成果，尽管相对来说比较抽象，却很好地指导了各个不同领域对用户参与的设计和研究，为后续研究提供了丰富的研究视角和研究基础。

　　随着对用户参与理论的深入和应用普及，以及人机交互技术的不断发展，不同领域的系统和界面的设计及构建都会对用户参与有所考量。未来针对用户参与的研究会基于人机交互技术的发展，面向领域进行更深入的探索，形成具有领域特色的用户参与研究体系。在接下来的章节中，将结合人机交互技术的领域和发展趋势，对相应领域的用户参与研究进行梳理、总结和展望。

四、用户参与在人机交互领域中的概念

　　人机交互领域对人与计算机互动的研究涉及对用户参与的研究，主要产生和发展于计算机领域对用户体验的重视。在 20 世纪 90 年代，雅克首先提出将用户参与作为多媒体教育系统设计需要考虑的因素，以支持用户学习动力的产生和学习目标的达成。韦伯斯特等学者指出，在培训系统、演示软件的设计中考虑用户参与可以有效提升信息的传达效率和用户体验。随后对用户参与的研究逐渐扩展到数字游戏、信息搜索、网络购物、数字媒体、社交媒体和交互艺术等，对其理论和方法的研究也由此展开。与上文对参与的一般性概念相似，人机交互领域对用户参与的概念界定从"人"和"机"两种视角出发，主要有以下四种观点：

　　第一，参与是一种用户行为，它是一种实践性的活动，涉及所有持续关注和使用系统的行为。这种观点主要从用户的外在表现来看待参与，认为用户在行为过程中产生了某些认知和情感。

　　第二，参与本质上是一种用户的心理活动，是用户的认知或情感的状态。用户的认知和情感状态促进了用户行为的产生，参与是一种由内而外的过程。尚普曼（Chapman）表示"使我们参与的活动吸引我们的注意力并维持我们对它的关注"。奥布莱恩等人指出，用户参与是用户体验的一个指标，其特征是用户内在

的复杂的心理状态，如产生对系统的兴趣、专注正面或负面情绪、认为交互具有挑战等。

第三，用户参与是行为、认知和情感的有机组合，用户从行为（持久性和参与程度）、认知（动机、投入和策略）和情感（兴趣、价值和期望）三方面投入与系统的互动过程中。

第四，从系统的角度描述用户参与，认为参与是系统鼓励用户交互的一种属性。克森贝里（Quesenbery）指出，参与和系统的有效性、易学习性和错误容忍度一样，都是系统可用性的属性。布兰采格（Brandtzaeg）等学者指出，参与是系统可控性的属性。参与还被认为是系统新奇度的一种属性，通过吸引用户的注意力鼓励用户参与到与系统的交互中。

相较于将用户的参与行为和心理状态割裂开的第一、二种观点，第三种观点突出强调了行为、认知和情感的统一结合。第四种观点提及的系统可用性、可控性、新奇度等因素，可进一步被归纳为系统的形式、内容和情境等方面。

总体来说，本书认为用户参与是主体注意力被活动吸引（认知、情感）、参与并专注于互动（行为），以至于失去了对自我、时间和环境的意识的一种状态（认知、情感）。它受到互动的形式、内容和情境等因素的共同作用，使用户获得一种积极的交互体验。

对用户参与的研究主要可以从两方面看待其研究意义。首先，人是否积极参与活动对活动本身的结果有着直接的影响。例如，管理学的研究表明，员工的参与度与企业的生产效率、经济效益和客户满意度直接相关；教育学的研究认为，积极参与是学习的核心推动力，提升学习的参与度可以提升学生的学习主动性和学习效果。其次，人的积极参与可能对自身的生理、心理体验产生积极正面的影响。基于人本主义心理学和积极心理学的观点，积极、全身心地参与某项活动可能带来高峰体验和心流体验，帮助人获得精神上的快乐和满足。同时，这种正向的心理体验作为一种内在的奖励，促使人不断超越自我，将人推向更高水平的表现。

研究用户参与对人机交互领域的意义，主要包括以下两个方面。

首先，优化用户体验。用户参与的程度关系到用户的交互体验，直接影响人机交互的效果。用户注意力被吸引并专注于互动过程中获得的体验，是最令人向往和最重要的人机交互体验之一。用户参与的程度与效果直接影响用户体验的质量，用户积极地参与到与计算机的互动中将为其带来美好的互动体验。优化用户体验的重要一环是考虑如何吸引、鼓励和支持用户积极、愉快地参与到与系统的互动中。基于用户参与度而提出改进和完善系统的方案，有利于提高用户体验的满意度，增强人机交互的效果。

其次，评估用户体验。用户体验是用户的主观感受，对它进行评估具有一定的难度。用户参与可以为用户体验提供更具体和直观的评估指标。例如，用户参与的属性研究可以为构建问卷提供基础，以获得用户的主观评价。另外，用户参与还可以通过用户的客观行为进行评估。因此，用户参与的研究可以为用户体验的评估研究提供主观与客观两方面的评估指标。由于针对用户参与的研究是与交互设计、用户体验和系统评估息息相关的，因此用户参与逐渐成为人机交互领域中的一个重要研究主题，在数字媒体、信息搜索、游戏、网络购物、社交媒体和交互艺术等广泛的交互设计和研究领域中逐渐得到重视，对其理论和方法的研究也由此展开。

第二节　交互设计中的共式参与

一、人类的合作

人与人之间的共处，既有竞争，也有合作。纵观整个人类发展史，竞争为人类带来了专业化，推动了技术、生产力的发展，它的核心是"替代"；而合作推动了人类的社会化发展，其核心是"互补"。在人类漫长的进化史中，逐渐完善的合作秩序帮助人类在残酷的生存竞争中脱颖而出。人类发展的早期形成了高度社会化的团体，如与狼群、猴群一样，组织内部高度分工合作，以群体的力量实现共同生存、对抗外来威胁。随着人类脑容量的进一步扩大，以及语言、文字和货币的产生，人类合作的边界逐渐扩大，从几十个人的规模发展到几十万人甚至几百万、几千万人的大规模合作团体。人类的合作程度也不断提升，复杂的、多层次的合作团体开始建立，野蛮的战争和杀戮逐渐减少，人类开始以联盟、谈判和利益交换来解决团体和国家之间的冲突。例如，战国时期纵横家所宣扬并推行的外交和军事政策——"合纵"，即以合作的形式争取盟国，以对抗强国的兼并，是合作的一种形式。社会学的研究指出，人类合作演进的重要原因有两条。第一，科学实验表明，人类的大脑发展了奖励合作、惩罚不合作的脑神经基础。在奖励合作的脑区域，合作行为能够自我强化。由于合作行为本身具有回报性，其对行为的支配作用要超过经济利益的诱导作用。此外，在惩罚不合作的脑部尾状核区域，利他惩罚也具有自我强化功能，即使有成本的利他惩罚行为也能够带来愉悦感。第二，基于第一个原因，人类设计了一系列社会机制和制度，比如将亲缘选择、直接或间接互惠、强互惠、网络互惠、组间选择等合作动力制度化，使得群体中存在促使合作的参与动力。随着交通、通信和电子信息技术的进步，人类进入了全球化合作的阶段，合作的边界、程度和效率有了更进一步的发展。互联网技术得以让身处不同空间的人进行协作，协作的形式和方式也在逐渐变化。在信息时代，人们如何利用新兴技术开展合作、合作的形式和方式是否有所变化等议题受到了各界学者的关注。本节讨论的主题共式参与，即是在人类合作的大背景下，在计算机支持的基础上开展合作的一种状态。

二、计算机支持的协同工作

协同工作是人类合作的一种基本形式。群体成员群策群力，发挥各自的技能优势，有助于快速、高效地完成任务，提升生产力和生产效率。计算机支持的协同工作（Computer Supported Cooperative Work，以下简称"CSCW"）主要关注利用计算机来支持群体成员进行同时或不同时、同地或异地的合作活动，通过建立协同工作的计算机系统，改善人们进行信息交流的方式，消除或减少人们在时间和空间上相互分隔的障碍，从而节省工作人员的时间和精力，提高群体工作质量和效率。

CSCW 的概念最初由艾琳·格雷夫（Irene Greif）和保罗·卡什曼（Paul Cashman）于 1984 年在一个关注使用技术支持人们工作的研讨会上提出。值得注意的是，专家强调该领域不仅关注协同工作的相关硬件、软件、服务和技术，还关注对人们分组工作方式的理解，以及使用工具的用户的心理、社会和组织效果。从本质上讲，CSCW 的研究超越了构建技术本身，还研究了团队和组织中的人员如何工作，以及技术对这些过程的影响。因此，CSCW 是一个跨学科的学术研究领域，它汇集了经济学、组织理论学、组织行为学、教育学、社会心理学、社会学、人类学、计算机科学和设计学等领域的知识。不同学科的专业知识有助于研究人员确定不同协作方式的本质、形式、特征和需求。尽管涉及的学科种类繁多，但计算机支持的协同工作是一个面向计算机和设计的学术研究领域，其研究重点是了解相互依赖的群体工作的特点，研究目的是设计适当的基于计算机的技术来支持协同工作。

（一）研究范畴

计算机支持的协同工作主要可以基于两个维度进行划分：①协作在空间上的分布，小组成员可以分布在一个房间里，也可以分布在不同的楼层、建筑、城市甚至大陆；②协作在时间上的分布，小组成员同时在一起工作，或是不受时间限制随时开展工作。基于这两个维度的划分，协作的方式主要可以分为四种模式，不同的协作方式需要不同的工具支持，为设计者带来了不同的技术挑战，使用这些工具也为协作带来了不同的社会和行为的挑战。

同时且同地的协作：面对面进行交流和协作。面对面协作的支持，主要通过提供信息记录、共享工具来完成，如墙面展示、可交互的数位白板等，用户可以使用笔、手指、触笔或其他设备控制输入，实现交互式草图和幻灯片演示等活动。

同时但异地的协作：通过远程交流进行协作，主要关注如何进行信息共享，对同步系统的数据协同功能有一定的要求。

异时但同地的协作：关注如何持续开展工作，如如何进行大规模的项目管理、轮组工作安排、任务分配等。协作系统需要提供，如资源预订、同时显示多个用户的日历等功能。

异时且异地的协作：关注远程交流及协调配合。常见的工具包括电子邮件、版本控制、布告栏、博客、异步会议、分组日历、工作流等。

（二）常见的计算机协作工具

电子邮件是通过互联网提供信息交换的通信方式，可以说是迄今为止最成功的支持协作的计算机工具。电子邮件的发送和接收原理与日常生活中邮寄信件类似。在邮局填写好收件人的收件地址和联系方式，邮局会将信件运送到收件人的地址，收件人提供身份信息供邮局验证后取出信件。与真实的信件邮递有所不同的是，电子邮件是异步的、快速的，可以同时寻址到多个接收器。也就是说，只需要写一封信，电子邮件可以将它发送给许多收件人，这种方式大大提高了团队沟通的效率。此外，普通邮件通常只包含文本，但电子邮件可以包含多媒体影像，如静态图像、语音甚至视频等。同步协作技术是一种帮助多人同时合作，完成诸如决策、规划新计划、构建提案、撰写论文或设计草图等任务的技术。通过协作技术实现共享数字空间的目标，允许不同工作站的合作者检查和编辑文档的共享视图。典型的例子就是在线协作文档服务，如谷歌文档和表格、石墨文档等，允许多人同时编辑、预览同一文档，并迅速实现多端同步。同步协作技术允许随时随地开展工作，满足多场景办公的使用需求。版本控制系统主要对文档、计算机程序、大型网站和其他信息集合的更改进行管理。通过记录文档编辑的历史，保存不同修订版本，提供随时追溯查看，甚至允许将文档恢复到以前修订版本的功能。目前，各种类型的办公软件和各种内容管理系统都涉及版本控制的功能，如文字处理器、电子表格和维基百科的页面历史等。版本控制系统对涉及多个开发人员的协同开发项目至关重要，可以有效降低沟通出错成本，提升协作效率。

三、支持共式参与的设计

共式参与（Mutual Engagement）是指当人们利用计算机系统进行合作，积极参与到协同工作中，有共同的目标、在共同的行动中共同创造时，获得满足的状态。共式参与决定着合作的体验和结果的质量，是协同工作的理想协作状态。在这种状态下，参与的个体注意力集中，积极、愉快地互相交流，通过合理对话探索不同的想法，并尝试将这些想法整合起来。

共式参与的相关研究关注人们利用计算机协作过程中的参与行为，影响共式参与产生的条件，以及如何帮助群体成员更好地参与合作。例如，有学者分析了参与音乐创作的儿童间的互动，重点研究了友谊对共式参与的影响。通过对比朋友与非朋友之间的聊天内容，学者发现如果参与者本身是朋友关系，则更容易投入音乐创作的任务中。共式参与的研究成果提供了如何设计支持成员参与协作的指南，对支持协同工作的计算机系统的设计、构建和优化具有重要意义。影响共式参与发生的条件和因素已经逐渐明朗，主要包括以下五个因素。

（一）共享态势感知

在一起工作的成员需要及时了解彼此的行为和态度，并且获得关于彼此活动进展程度的共享知识。在面对面的协作中，人们共享听觉空间和视觉空间，大家接收到的所有语言和视觉信息都是一样的，协作成员很容易了解是谁、在什么时候、在哪里发表了哪些言论、做出了怎样的改变，同时通过成员的语气、手势、表情等微妙的行为语言判断当下情境的态势。在物理空间共享视听空间是协同合作的关键，这种共享态势感知需要得到在线协作系统的支持，如通过实时同步技术确保不同成员看到的所有视图都是相同的。然而，在某些计算机支持的远距离协同工作中，由于技术、设计等各种原因的限制，这种对行为、情境的共享认识无法得到满足，用户无法及时了解谈话成员的态度，容易造成判断的失误以及沟通效率低下的情况。这也是视频会议效果不佳、受到用户诟病的原因之一。在设计中加强成员活动的共享态势感知，可以有效帮助成员了解协作现状，以及其他成员的现状，方便他们及时做出判断。

（二）合作身份明确

在共享空间中进行合作，需要对作者身份进行标明，使每个用户做出了哪些贡献一目了然。这样的暗示让参与者可以明确自我和他人的区别。此外，区分每个人的贡献，也可以达到区分工作区的目的，帮助合作者更容易找到自己以及其他合作者的工作区间。伦敦玛丽女王大学学者在 2013 年发表的文章中对比了明确合作者身份与不明确合作者身份时用户参与度的差异。实验构建的共享可视界面允许多名用户同时创建音乐，当系统明确每个参与者身份时，每个用户添加的音乐元素有颜色区分；而当系统没有明确参与者的身份时，所有人在系统中的贡献都是一样的。数据分析显示，当系统明确用户身份时，用户的参与度是最高的，并且他们合作的程度也是最高的。最明显的表现是当用户的贡献有明确颜色区分时，他们在平面上放置音乐元素的位置有了明显的重合；而在另一种模式下，参与者默契地划定了自己的区域，只在自己的区域中贡献内容，很少互相融合。这样的结果显示明确协作成员的内容贡献可以有效增加参与。

工作中常常会有这样的情况，一份文档需要由多人一起修改。在线协作文档也是通过颜色来标定用户身份的。如谷歌文档的编辑界面，在界面的右上角以色块的形式显示了当前文档的合作者。在文档编辑部分，也在相应位置以同样的颜色来突出显示当前编辑文档的人员。这样设计的好处是，参与者可以实时了解有谁、在哪里对文档进行了编辑。

（三）允许相互修改

允许相互修改意味着在协作中采用平等的角色分配机制，而非自上而下的角色机制。这样能够修改彼此的贡献，鼓励协作成员平等地交流想法，他们可以以微妙和动态的方式协调他们的活动，从而提升协作的效率和参与的程度。在合作过程中，一个团队可能会不断更改一个相同的文件。然而，允许多人修改可能涉及很多问题，如出现错误需要回到从前的版本，项目管理者需要了解谁改了哪些部分等。这时候修订版本控制功能就很有必要，通过该功能可以跟踪协作成员彼此的编辑，对纠正错误、误操作、防止破坏至关重要。

（四）支持自由形式注释

合作通常意味着在共同工作与独立工作的两种状态下切换。如何整合共享空间和个人空间，使团队成员能够在合作与独立工作之间顺利切换、共享信息是一个重要的研究方向。尽管计算机已经成为多数人开展工作的主要工具，人们仍然需要利用传统媒介完成一些工作。在进行沟通时，手绘仍然是最方便、迅速、有效的沟通工具。麻省理工学院媒体实验室于 1990 设计构建的 TeamWorkStation，旨在为异地合作的成员提供实时的信息共享和交流空间。其关键设计思想是使用视频合成技术，结合计算机屏幕或物理桌面表面的半透明实时视频图像，对工作区的物理桌面进行半透明覆盖，提供支持不同媒介的共享工作空间。麻省理工学院 TeamWorkStation 界面视图，工作者可以共享桌面的视图，利用手绘对建筑图纸、流程图等内容进行注释、讨论和修改，极大地提高了远距离协作人员的沟通效率。在远距离的共享协作空间中提供图形注释是一种必要的沟通机制，允许参与者在其协作活动中轻松地对对象和对象的部分进行特定引用。在设计实时共享的工作空间时，需要考虑共享信息的媒介，对工作媒介进行全方位考虑，有效支持合作者以不同的形式参与到沟通中来，并通过实现计算机与桌面的自由切换，支持成员自由选择最适合自己的工具和沟通方式，从而提高协作的效率和共式参与的程度。

（五）提供视觉的支持

头脑风暴是一种合作的形式，小组人员在融洽和不受任何限制的气氛中以会议形式进行讨论、座谈，打破常规、积极思考、畅所欲言、充分发表看法。人们通过这种形式集思广益，自发地提出各种看法和想法以解决问题。然而，对话是流动的、丰富的，对话参与者需要时时关注新的对话，对话的互动历史会随着时间的流逝而消逝。视觉化信息可以帮助进行对话管理。思维导图是一种图形思维的工具，用一个中央关键词或想法，以辐射线形连接所有的代表字词、想法、任务或其他关联项目，将思维形象化。思维导图是表达发散性思维的实用性工具，它简单却又很有效，既可以记录历史，又可以引发新的想法，被广泛应用于头脑风暴的讨论中。随着计算机支持的协同工作系统的发展和语音识别技术的普及，一些新型的工具开始利用语音识别技术实现对话可视化，探索使用视觉信息来支持群体的讨论。2007 年，伊利诺伊大学香槟分校设计的 Conversation Clock，以对话时钟的形式显示个人在对话中的贡献，以及基于时间的对话流程。2017 年发布的 Ideawall，是一个支持头脑风暴的智能实时对话可视化系统，它不断地从成员的口头讨论中提取基本信息，并通过网络搜索材料，为参与者提供整合各类信息的视觉材料，以视觉的刺激促进他们的创作和讨论过程。总的来说，视觉的支持主要通过记录和强调对话中出现的显著信息，帮助参与者理解讨论的结构和进展。此外，除了可以显示个人贡献和参与程度，还可以通过对参与者的音频输入进行语义分析，展示不同参与者的主要观点。可视化的形式不仅可以以参与者为中心，也可以使用以内容为中心的可视化模式。具体来说，可以通过显示按主题分组的单词集群以及随着时间推移主题的演变，直观地总结会话的主要观点。此外，呈现与讨论相关的视觉线索，还可以有效促进创意的产生，支持创造性协作和创造式参与。这些观点可以作为未来智能系统的设计思路。

四、同时同地的合作

（一）交互式桌面

人们的许多活动，如吃饭、画图、玩游戏、工作都是在桌面上开展的。交互式桌面可以有效地支持团队协作进行选择、查看图像、信息分类和规划等，更容易指向并选取信息，同时查看其他人的交互和贡献。交互式桌面受到关注的另一个原因是，与坐在垂直的显示器前面相比，团队成员可以围绕桌面显示器而坐，面对面交流，更自然、舒适、高效地进行协作。这种方式可以鼓励所有小组成员参与贡献，并支持更公平的问题解决和决策。相比之下，使用为个人使用而设计的电脑进行协作则需要付出更多的努力进行沟通，并且协作成员需要花更多的时间了解彼此的进度以及正在做什么。近年来，如何设计交互式桌面的交互方式以促进共式参与成为重要的话题。触屏手势交互是共享交互式桌面的一种常见输入范式，多数可用性研究关注用户如何实现选择和操作数据对象。虽然许多手势（如轻击、敲击）可以有效地映射到一组交互命令（如选择、滚动）上，但那些需要更高水平灵活性和精度的命令则不太容易通过手指来实现。此外，手势交互通常在执行精确操作时更容易出错，如在相邻图标、菜单列表或缩略图中选择内容。

交互式桌面的尺寸对协同行为也有一定的影响。大尺寸表面比小型桌面显示器更能促进团队协作，并增强成员相互之间的意识。主要是因为在较大尺寸的桌面上，用户不可能触及桌面的每一个部分，当他们需要进行某些操作，如选择桌面远端的菜单时，不得不请求其他成员的帮助，这些看似不便的地方反而促进了团队的协作。除此之外，小组的规模也会影响在互动式桌面合作的形式。相对于人数规模较大的小组，成员较少的小组可以更好地共享桌面上的数字资源，而人数较多的小组则倾向于将任务和表格分开，甚至是将桌面区域进行一定的区分，并为每个人分配任务和角色。

（二）交互式桌面 + 可触用户界面

由于手势交互在精确操作上的局限性，交互式桌面与可触用户界面结合的形式成为另一种鼓励共式参与的设计范式。Reactable 就是开放式的交互式桌面与可触用户界面的结合。通过可触摸的物体，用户可以更精确地执行操作。

为了调查交互式桌面是否比单用户显示器更能促进团队合作与成员参与，伦敦大学学院对比了包括笔记本电脑屏幕、交互式桌面、交互式桌面 + 可触摸物体在内的三种用户界面，实验对被试的协作和讨论过程中发生的对话、手势和交互进行了收集和分析。结果表明，笔记本电脑界面模式下小组成员对界面的控制权缺乏公平性。随着时间的推移，在交互式桌面 + 可触摸物体的模式下，小组成员的参与变得更加公平，参与度也有明显不同。具体来说，在这个模式下小组在设计空间之前花费的选择、组合、比较和讨论时间要长得多，他们也更加有条理地探索所有可用的选项。最值得注意的是，他们对备选方案进行系统和频繁的比较，充分考虑到更多的选择，最后做出了令大家都满意的决策。

将可触摸物体集成到交互式桌面是可行的提升共式参与的方式，可以帮助协作成员在协作任务的早期阶段更彻底地浏览和比较可用的选项，并且支持他们从不同的角度探索问题空间。这样的设计一方面可以创造一个有助于决策和规划的总体协作模式，另一方面可以对具体细节有更详细的探讨。此外，这种方式还可以更加明确地显示和操作信息，使得协作更加灵活和简单。

五、有距离的合作

（一）视频会议

在远距离的合作中，决定用户参与和合作效果的关键一环是团队成员能否进行有效率的沟通。宽带和高速互联网的普及使得视频会议的概念成为现实。视频会议是指位于两个或多个地点的人们，通过通信设备和网络，进行面对面交谈的会议。正式的商务会议，对稳定安全的网络、可靠的会议质量、正式的会议环境等因素有一定的要求。丰富的会议辅助功能为视频会议提供了更好的临场感，如文档共享、协同浏览、文字交流、电子举手、会议投票、语音私聊、日程管理、分组讨论等。

目前的视频会议系统似乎并不能让用户满意，大多数用户仍然认为视频会议的讨论效果远不如面对面的会议。仅仅通过提高像素密度和传感器质量来提高图像清晰度，提高实时图像传输来减少延迟并不能从根本上解决视频会议的问题。视频会议系统不能完全发挥其潜力的原因之一是，现有界面中人物、地点和事物的表示仅是基于屏幕的简单的二维像素显示，忽略了许多人眼捕捉得到的丰富数据，如姿态和微妙的表情、动作等。针对这样的问题，基于增强现实技术的视频会议系统得到了国内外学者的关注。增强现实技术可以对现实世界的信息进行补充，有效提升用户在视频会议中对会议进程的感知能力，从而提升远程合作中共式参与的程度。从设计的角度考虑增强现实技术在视频会议中的应用主要有以下几个方向。

1.信息增强

基于对视频流和音频流的实时分析,提取信息对传统视频会议中的二维图像进行增强是一个基础的应用。在一个视频会议中,每一个人都具有一定的隐形信息,如他来自哪个部门、共享了哪些文件、参加会议的有效时间等。通过结合视频深度、音频位置和面部跟踪算法,采用增强现实的形式,实现了对远程空间与会者标签的动态标记功能,利用动态关联准确地将标签标记在对象出现的空间位置。此外,利用可交互、可点击的标签形式,不仅可以为视频会议提供更为丰富的信息,还可以方便与会者的信息获取及信息共享。

2.与焦点对话

在面对面的对话中,人通常会无意识地根据对话的发展调整自己的注视焦点,人的眼睛会在不同的焦距深度中转换,自然而然地形成关注的焦点,帮助人投入对话中。在现有的视频会议的情况下,人眼这种自然的特性由于屏幕固有的性质而受到了限制。在视频会议中,人眼不能根据距离聚焦,导致他们在视频对话中无法投入。Kinected Conference系统可以识别当前正在说话的人,并将其置于深度场的无模糊范围内,还可以在一个场景中推断出许多不同的深度层,模拟焦距中的多个焦点区域,实现焦点的软过渡。利用这种方式模拟自然的人眼感知,通过模拟人眼在对话中的焦聚,提升与焦点对话的真实感,支持在视频对话中的参与度。

3.激活隐私

在面对面的会议中,与会者临时的小任务,如检查电子邮件、接电话、简短对话,甚至是暂时离开房间,通常更容易被其他与会者接纳,因为与会者会通过肢体语言表达自己的歉意。在远程视频会议中,这样的情况则更容易被错误地理解为不礼貌,或是对内容有异议。针对这一个问题,Kinected Conference系统允许用户通过手势使自己或指定区域在一定深度冻结为特定像素,而视频不会中断。这样的方式提供了隐私的保护,使与会者更容易接纳。

(二)众包

1.有限的注意力

由于人在给定的时间内可以处理的信息是有限的,因此注意力的产生是海量外部刺激的必然结果。学术界针对注意力的一个普遍观点是,人们在纷繁复杂的外部世界中提取和处理有用的信息，注意力在其中起着至关重要的作用。从信息处理理论来看，注意力负责分配引起人脑注意的认知资源，并提供描述、处理和储存信息的认知资源。注意力在持续性任务和临时意图中分配认知资源。在聚会中，我们可能在与人交谈的过程中（持续性任务）同时留意周围其他人的声音。当发现邻座在讨论自己感兴趣的消息时（临时意图），注意力可能将转向邻座的对话而忽略之前的交谈。人们对外部刺激的注意力程度、外部刺激强度、个人兴趣和已有技能的熟练程度等都将对注意力资源的分配和使用产生作用。人脑要实现快速而高效的信息处理必须通过学习和训练实现信息处理的自动化和各种技巧的程序化，主要通过学习和训练来完成程序化建构。例如，驾驶汽车的过程中涉及路线规划、路况、驾驶界面等大量的信息处理，驾驶员需要完成不同复杂程度的任务间的注意力切换。对于驾驶的初学者来说，由于缺乏自动化和程序化的信息处理，对基本的驾驶任务不够熟练，这些信息处理是极大的挑战，他们需要大量的注意力资源完成任务。遇到复杂的情况也很容易出现手忙脚乱、顾此失彼的情况。通过学习和训练，驾驶员逐渐熟练，形成对某些信息和动作的自动加工，可以用较少的注意力资源投入驾驶任务中，而富余的注意力资源可以完成看地图、听音乐、交谈等活动。针对有限的注意力资源，在支持用户参与的设计中需要考虑在与计算机交互过程中人的注意力的分配和引导问题。根据任务和情境的需求综合考虑用户的个人能力，考虑是优先注意力的持续性分配，还是保障对临时意图的注意力分配。针对持续性任务，保持用户参与需要考虑保持其注意力，防止用户被临时信息打断，注意力干预是一个有效的解决办法。

2. 众包的注意力干预

众包（Crowdsourcing）是指公司或机构把原本由员工或供应商执行的工作任务，以自有自愿的形式分配给非特定群体完成的模式。通常通过在线社区，如征求广大志愿者的意见，获得相关的服务、想法或内容。众包常见的模式是公司提出一个问题或者难题，在互联网社区发布、传播，请求群众给出解决方案，然后公司审查、挑选群众给出的方案，奖励解决方案提供者。众包形式的出现可以追溯到1714年，英国政府为了知道海上船只的位置，发动群众集思广益，并且宣布奖励给出最佳方法的人一定的金钱。目前，国内支持众包的平台有很多，尤其集中在IT行业，如程序员客栈和码市、快码等网站可以提供互联网和移动互联网产品的原型及开发；国外如 CrowdFlower、Upwork、Amazon Mechanical Turk 等平台，需求方可以发布许多不同类型的任务。

对企业和机构来说，这种分布式的问题解决方式和生产模式，可以低成本、快速地获得更广泛人才的创意和能力，具有灵活性和多样性。对以众包为业余爱好或工作的人来说，众包的工作模式在时间上更自由，在内容的挑选上也有充分选择的权利。在众包中获取高质量数据或服务的一个挑战是，工作是远程进行的，没有人监督的。这些潜在的问题可能导致众包工作者注意力不集中，积极参与程度低，进而导致生产的结果不尽如人意。此外，众包的远程设置意味着工作进行的时候，用户所处的环境是复杂多样的，存在着各种干扰的可能性，这些干扰可能会破坏员工的注意力，进一步降低结果的质量。在传统的众包工作环境中，由于缺乏约束，众包工作的参与者常常展开多线程任务，在多个任务中进行切换，因此多任务处理也是注意力不集中的常见原因，并且有迹象表明增加任务切换的频率会对工作结果产生负面影响。为了减少注意力不集中的情况，研究人员提出利用注意力检查来甄别不投入的工作者。注意力检查通常以附加到任务中的额外问题的形式出现，工作者需要关注并正确回答这些额外的问题，以提示需求方自己在工作中是专注的。注意力检查有助于识别不专注的工作者，却往往无法帮助工作者解决注意力不集中、不投入的各种行为根源。另一种思路是提供更为简单的干预。研究监控工作者的鼠标活动，当他们切换到其他任务并返回任务后，一部分被试者的屏幕会出现提示提醒他们关注手头的任务。结果显示，在任务中提示参与者不要切换到其他任务和活动，可以有效降低工作者的任务切换频率，提升工作者对任务的注意。这样的研究结果对现有的注意力检查的方法提出了改进的空间，因为注意力干预的方式不会对已经集中精力的众包工作者提出额外的要求和任务，增加他们的认知投入。

六、复杂情境的共式参与

共式参与的基石涉及三种任务，包括协调、沟通和信息共享。例如，抢险抗灾、野外搜救等复杂情境的协作是典型的分布式协作模式，通常由一个指挥所协调多个工作小组同步进行。管理人员需要协调各小组，及时获得当前的信息，在保证各方安全的前提下协调工作，现场工作人员则需要和管理人员进行仔细沟通和信息共享。复杂情境下的团队合作还受到环境因素的影响，如多变或极端的天气、危险的地形环境等因素使得协调、沟通和信息共享等任务的完成更加艰巨。针对复杂情境的独特挑战，支持群体的共式参与需要从以下四个方面考虑支持协作的设计。

（1）建立大范围的反应意识

随着协作的进行，指挥部门需要保持对搜索事件有一个高层次的认识，以及对相关动态变化的认识，这些内容包括但不限于谁被分配到哪个任务、每个现场团队所在的位置、每个团队成员正在做什么、每个团队成员拥有的技能以及每个团队成员面临的挑战。

（2）信息过滤

鉴于在复杂情境中进行作业的复杂性，现场的工作人员需要高度集中注意力关注自己的职责。在实际任务中，他们只关心与自己直接相关的信息，过于复杂的信息会让他们分心。因此，相关的设计应该针对具体任务，对复杂信息进行选择和过滤。

（3）解放双手

现场工作人员需要不断地了解环境，他们需要解放双手来使用工具和移动物体。为他们设计的任何工具都应该没有干扰，不造成额外的负担，让他们能够自由地交流和共享信息。头戴式显示器和可穿戴式摄像机等工具是可能的解决方案。

（4）共享态势感知

让现场工作人员了解他们对"大局"的贡献，与前文提到的共享态势感知有异曲同工之妙。虽然现场搜救人员最重要的任务是完成自己的职责，但许多人还想知道他们的行为对整个搜索响应的贡献。这样既可以鼓舞现场搜救人员的士气，提醒他们做正确的事情，还可以消除现场搜救人员的孤独感，认识到自己是在一个团队中工作，即使他们看不到或无法与所有团队成员互动。在一个孤立的、有潜在危险的工作环境中，这一点尤为重要。值得注意的是，共享态势感知与信息过滤需要达到一个平衡。

合作是人类活动的重要形式，本节结合人机交互领域对计算机支持的协同工作的相关研究和设计实践集中描述了支持共式参与的设计要素，主要包括共享态势感知、合作身份明确、允许相互修改、支持自由形式注释、提供视觉的支持五点；基于合作时空维度的不同以及合作情境的复杂程度讨论和总结了不同的设计案例，总结了相应的设计指南，为支持共式参与的设计提供了参考。

第三节　交互设计中的创造式参与

一、创造式参与的理论背景

在人机交互领域，创造式参与（Creative Engagement）是用户带着创造目标连续地、阶段性地参与到与计算机交互的过程，是用户与人机交互系统之间反思和变革的对话。用户创造性地参与积极的、反思的和建设性的认知过程，在交互系统的帮助下追求创造性结果的过程会带来互动的创造体验，是最积极和可持续的参与体验之一，因为它本质上是有益的和令人难忘的，可以从潜意识鼓励用户使用该系统进行自主和持续的创造性活动。本节主要基于创造力的相关理论进行叙述。下面从创造力、创造过程、创造力支持三个方面介绍创造式参与的理论背景。

（一）创造力

从人类历史的早期开始，创造力一直被视为是人类所拥有的独特能力。创造力是"使我们成为人类"的重要部分，但它又一直保持着神秘。作为 21 世纪的核心技能之一，创造力被认为是人类在人工智能面前的最后领地。20 世纪 50 年代以来，科学的研究工作帮助人类对创造力的各个方面有了深刻的理解。针对创造力的研究主要经历过三个阶段：第一阶段，关注特殊创意人士的个性或特征，认为创造力是某些人独具的能力；第二阶段，关注创造力的内部心理过程，如人们如何完成创造过程中的思考、感知、学习和记忆等问题；第三阶段，将焦点转移到创造过程的社会和文化背景，关注哪些社会和文化因素影响创造力的发生。总的来说，经过多年的发展，针对创造力的研究主要集中在四种主题范式：①创造过程的产物；②人的个性对创造性表现的影响；③创造力的内在心理过程；④社会和文化背景的外部过程。本节对创造式参与的观点，主要与第①、③点相关，将创造式参与作为创造过程的产物看待，并且讨论创造式参与产生的内在心理过程。从不同的角度来看创造力的定义有多种观点。一种观点认为创造是人的一种能力，是一种"提出新的、令人惊讶的和有价值的想法或人工制品的能力"。一些理论认为，创造力是由不同组件综合构成的，如创造力的发生需要三个方面的构成：①领域相关技能，如技术技能、领域知识等；②创造力相关技能，如适当的认知风格、产生新思想的启发式策略等创造性思维；③任务动机，如对任务的态度、内在和外在动机等。另一种观点认为创造力是开发对个人或社会群体有一定价值的新产品的过程。

（二）创造过程

自格雷厄姆·沃拉斯（Graham Wallas）提出著名的创作过程的四个阶段，即准备、孵化、灵感和验证，各项针对创造过程的研究工作都在这个模型基础上进行扩展，如契克森米哈赖提出的创作过程中的五个心理阶段，以及索耶（Sawyer）提出的创造过程的八个关键阶段。总的来说，创造过程要经历准备、孵化、灵感获得、评估及实现这些阶段，即①沉浸在一个领域中，广泛收集潜在的相关信息，获得与问题相关的知识；②发现、制定或重构问题，选择有价值并且值得追求的方向；③针对问题产生各种各样的想法，逐渐累积思想并将思想拼图碎片放在一起，以意想不到的方式结合思想；④探索一个观点所暗示的结果范围，应用相关标准选择最佳想法；⑤抽出时间对结果进行孵化，使用一定的材料和表示将想法外部化。关于创造过程是一个理性的、分析的、渐进式的寻求解决方案的思维过程，还是一个无序的、随机的、与先前活动无关的灵感突发事件，学界存在着长期争论的历史。上述两种截然相反的过程被称为非灵感式过程和灵感式过程。

非灵感式过程理论的主要倡导者是美国管理学家、经济学家，1975 年图灵奖、1978 年诺贝尔经济学奖获得者赫伯特·亚历山大·西蒙（Herbert Alexander Simon）。在《科学发现的心理学》中，他阐述了创造过程涉及对问题解决方案进行的多种启发式搜索，其效率取决于启发式函数。基于这个理论开发的"通用问题求解系统"，根据人在解题中的共同思维规律编制而成，可以解决 11 种不同类型的问题，并且重新发现了一系列著名的物理、化学定律，证明了他曾多次强调的论点：科学发现只是一种特殊类型的问题求解。此外，著名心理学家博登（Boden）也认为创造过程是有一定规律的，博登提出了产生新想法的三种方法，包括组合不同的想法、探索结构化的概念空间、转化已经被接受的概念空间的某些方面。组合、探索和转化是一个递进过程，其创造结果的新颖性也层层递进。

另外，经验证据表明，创造力有时可能发生在"逻辑结构之外"。有学者认为创造力被认为是远离理性和惯例的自发过程，其特征是情感和本能。索耶指出灵感的发生并不神秘。他认为重要灵感的产生是众多小灵感累积的结果，是向大灵感发展的渐进过程。与这个观点类似，斯滕伯格（Sternber）提出三个对于灵感起源至关重要的过程，包括选择性编码，从大量无关信息中筛选出相关信息；选择性组合，将最初孤立的信息组合成一个统一的整体，可能会或可能不会与其部分相似；选择性比较，将新获得的信息与旧信息联系起来。

不同于上述讨论对创造过程的割裂观点，本书对创造过程的基本观点比较中立，认为创造式参与产生的创造过程是一个理性的、分析的、渐进式的寻求解决方案的思维过程，但可能受到用户个人动机或情绪状态等非理性因素的影响。

（三）创造力支持

创造力发展的相关研究支持这样的观点，即不同领域的创造活动有共同特征，创造力可以通过适当的培训或适当的技术培养获得。虽然创造的相关约束和由此产生的结果在不同领域之间存在很大差异，但使创造性工作成为可能所需的基本过程和条件是独立于领域的，并且这些与领域无关的因素是产生创意输出的基础。这个论点与早期关于创造性认知的研究是一致的，这表明在领域之间存在创造、创意和发现的共性。这些共性存在于认知过程的各个阶段，如构思、聚合思维或发散思维等。此外，创造过程的两个重要认知过程——发散思维和转换思维，被证明可以通过不同的游戏和即兴游戏得到改善。

基于创造力可以被加强或被培养的观点，人机交互领域关于创造力支持系统（Creativity Support Tools）的研究，一直在探索基于计算机的创造力支持系统的设计和评估，以求更好地支持创造过程。该领域研究早期主要集中在利用信息技术协助个人或群体进行创造活动，以求创造性地解决问题或产生创造性成果。这类研究由日本、美国在20世纪三四十年代开启，主要关注知识管理系统、问题处理系统、群体支持系统及决策支持系统等人机系统的设计和评估，其研究成果对社会和经济的发展起到了重要的推动作用。创造力支持系统主要在四个维度上支持创造力的产生：促进创造工作的管理、合作人员之间的沟通、创造力支持技术的使用、创意制作过程中的创作行为。支持创造力的主要方法是促进与创造过程相关的任务和活动，包括：①帮助收集、学习已有概念、案例，形成数据库，完成创造的准备工作；②提供即时的沟通，帮助在创造活动的不同阶段咨询同伴和导师以进行联想；③帮助创建、探索、撰写和评估可能的解决方案；④帮助传播结果，形成社会影响。另外，有一些方法试图通过影响个人的认知要素或变量来支持创造力，如个人的兴趣、态度、动机、智力、知识、技能、信念、价值观和认知风格等。

基于对创造过程中涉及的支持活动的研究和对提高创造性产出潜力的研究，一系列针对创造力支持系统的实用设计指南被提出。这些指南的中心目标是允许快速捕获相关知识、可能的想法或见解，提供低成本的试验和错误代价，而不会中断创造者的主要工作流程，主要包括：

①通过提供简单的错误纠正来鼓励用户创造的信心和探索的意愿。

②设计具有低阈值、高天花板和广泛功能的系统，使新手容易开始使用。

③为档案或相关数据提供多种访问路径。

④提供丰富的历史记录机制，包括记录不同的备选方案。

⑤支持创造性工作的管理，提供搜索功能。

⑥支持分享，支持同行和专家进行社会评估。

⑦支持协作创意项目中个人之间的沟通。

⑧允许用户使用算法技术快速生成和试验替代的变体。

⑨允许使用机器学习算法快速实现交互设计。

二、创造式参与的目标

（一）大创造与小创造

人们常常认为创造力一词只适用于突破性的想法，既新颖又有价值的想法才是具有创造力的想法。然而基于创造结果的价值，创造力实际上可以被分为两种不同的类型。大创造（Big-C），也被称为历史创造力，是社会群体甚至人类历史上构思新颖的创意。它通常是一个领域的重大突破或重大发现。例如，著名药学家、诺贝尔奖获得者屠呦呦从复合花序植物黄花蒿茎叶中提取的可以抗疟疾的青蒿素，有效降低了疟疾患者的死亡率，拯救了数百万人的生命，为亚洲南部、非洲和南美洲等热带发展中国家的人民改善了健康状况。大创造通常是非常珍贵、罕见的，要获得大创造也需要非凡的积累，是具有很高挑战性的工作。小创造（Little-C），也被称作心理创造力，指对个人而言的想法而不是对世界而言的新想法。小创造可以在烹饪、绘画、会议等日常生活和工作中发生，通常受到我们周围环境的启发，其中可能包括我们交谈的人、我们去的地方、我们阅读的东西和日常刺激的形式。人们可能正在和同事交谈，突然间他提到的话题引发了一个关于如何改进一个过程或任务的想法。因此，每个人都有能力产生日常的小创造。与以目标为导向、以任务为中心的大创造不同，小创造是相对随机发生的，它是一种休闲创造，将探索性创造的愉快体验放在任务完成的目标之上，本质上是令人愉悦和自发的。

在上述创造力二分法的基础上，创造力的四分法增加了专业创造力（Pro-C）和迷你创造力（Mini-C）两个维度。Pro-C 是指专业人士在其特定的专业领域取得了重要进展，展示了专业人士的创造力水平。不同于 Big-C 是举世瞩目的创造结果，Pro-C 更多是某个领域以内的专业创造，具有一定的限制范围。Mini-C 通常是指日常的创造性行为，是对常规的、平凡的活动的小调整，是指人们有"对自己来说是新的"的想法和见解，例如，想出一个不同的解决方法，或者用一种新的方式解释一个问题。Mini-C 不是有意识地为了结果而进行的活动，它关注的是认知行为，而不是有形的、可观察的创造性产品，许多 Mini-C 产生的创意火花是创造更多公共和卓越形式的温床。相对于 Mini-C 更关注思维的创新，Little-C 代表了可观察的创造性行为和产品，包含了业余爱好者、儿童和新兴专家的大部分创作目标和追求，如写歌、发明新食谱、绘画和素描、写诗、学习乐器和装饰卧室。Little-C 的创造力是惊人的，但它不是在专业水平上捕捉到的创造力。Little-C 最引人注目的是它的普遍性，创造性的爱好在那些不想从事创造性职业的人中广泛存在。

总的来说，大创造类似于"以任务为中心的创造力"的概念，小创造与"休闲创意"的概念相似。从结果来看，大创造的结果似乎是对人类更有价值的主题，因为它为人类、团体尚未解决的问题提供了新的解决方案，是社会、生产力进步的驱动力。那么，小创造存在的价值是什么？除了小创造带来的积极结果，小创造还为人们带来了什么？人们为什么常常在生活中探索小创造并且乐此不疲呢？

（二）创造体验

小创造的意义在于它是人类生存的核心和基础，是形成更有价值的大创造的基础。换句话说，日常的小创造是大创造的苗床。日常的小创造帮助人们改善了工作或者生活，获得了信心，积累了技能。是小创造的过程而不是结果提供了个人和精神发展的潜在途径，改善了个人的身体和心理健康，为生活提供了更大的生活满足感和意义。同样的，契克森米哈赖提出，日常的小创造对人的心理健康有益，有助于快乐和充实地生活。他指出，小创造的行为提供了每个人追求的自我实现的可能，正是这种日常实践的内在奖励而非罕见的创造成就促使人们去创造。人们积极探索和追求小创造，不只在于追求结果，更多在于小创造为人们提供了一种超越结果和意义的创造体验。

创造式参与是一种小创造，通过参与创造过程获得创造体验。与关注结果的创造力支持系统不同，创造式参与支持系统重点关注并支持交互过程中用户得到创造体验，这种参与不以结果为最终和唯一的目的。创造式参与的目标是广泛的，既可以是系统理解、意义构建，也可以是音乐、文字、图画等各种内容。尽管在设计、视频和绘画领域已有一些关注创造体验的交互系统出现，但它们中的大多数仍然专注于如何支持用户输出创造性结果，而不是通过创造性参与获得创造体验。在人机交互领域，创造式参与仍然是一个相对新鲜的概念，对普通人创造式参与的支持仍然是目前设计和研究的重点和难点。

三、不同领域的创造式参与

相关研究已经在不同的领域对创造式参与这个主题进行了讨论。在教育和管理领域，鼓励创造式参与是鼓励学生或员工积极和创造性地参与学习、工作过程，是实现积极的学习和工作成果的一种手段。在社会关怀领域，它被视为一种支持老年人或残疾人福祉的方法，通过鼓励他们的创造性互动和表达来促进疾病的康复。创造性参与也被视为社会辩论、设计和评估过程中的一种创新性方法，因为它有助于形成一个负责任的和民主化的背景，并在公民、用户或从业者的广泛参与下带来跨学科的观点、知识和技能。基于领域属性的不同，不同领域中创造式参与的理论、实践与应用也有所不同，本节从艺术和音乐两个方面介绍创造式参与的前沿研究。

（一）互动艺术的创造式参与

在互动艺术的背景下，创造式参与被定义为观众通过与艺术作品互动来理解系统或构建意义的状态，是在对互动系统进行认知和意义建构的过程中产生的体验。埃德蒙兹（Edmonds）提出了一个可以在互动艺术中激发用户创造式参与的理论模型，包括"引子"，即可以引起用户注意，鼓励观众首先注意到系统的属性；"维持"，可以保持观众参与一段时间的互动的属性；"关联"，帮助观众培养长期兴趣并发展持续关系，以便观众在未来重新加入互动中的属性。比尔达（Bilda）发展了一个更加详细的框架来解释互动艺术的创造式参与，从适应和学习阶段开始，用户逐渐理解系统的工作机制并逐步发展他们对系统的期望。随着交互的进展，用户的意图和期望被设定。当用户对系统建立起一定的理解，与系统的交互开始从无意识和探索模式发展到有意识模式时，接下来用户开始建立期待和更深入的理解，并且学会预测他们交互行为的结果，从而更完整地了解艺术品及自己与艺术品的关系。此阶段的交互模式是从无意识模式开始发展为预期／确定模式和预期／不确定模式。在这个互动过程中，用户感受到操控感并可能最终获得创造性结果。

悉尼科技大学创意与认知工作室与悉尼动力博物馆合建的 Beta Space 是一个互动艺术观众体验研究中心，集合展览策展人、艺术家、技术专家、博物馆组织者及研究人员，展览大量的互动艺术。"Absolute4.5"是生成型交互艺术系统，由一个大屏幕组成，屏幕上有一个变化的颜色网格，伴随着复杂的音轨，由计算机执行的生成规定进行控制。通过地板上的传感器检测观众的存在，当观众接近屏幕或者远离屏幕时，图像和声音都会基于计算机的生成规则发生相应的变化。

《万花筒》及"Absolute4.5"中的视觉效果和声音效果都是基于观众的动作生成的，屏幕的显示及系统行为的各个方面，如变化率，都会自动响应观众的行为。由于观众的行为复杂多变，艺术品的变化也是在一定的规律中千变万化的，通过鼓励观众不断的交互来尝试理解艺术品的变化规律，是创造式参与在互动艺术中的主要体现。此外，通过观察和评估用户与互动艺术的互动过程，来研究互动艺术创造性参与的关键问题也是值得借鉴的设计研究方法。

（二）音乐的创造式参与

在音乐领域，创造式参与是类似于"创作流畅性"的概念，是指当玩家参与创造有意义的音乐表达或结构的建构过程时获得的体验。尽管现代技术使音乐成为所有人都可以轻松获得的内容，但并不一定使现有的音乐体验更令人愉快，除非人们注意并聆听它。音乐的心流体验是从聆听中产生的，首先从感官体验开始，其次是一种类比模式，最后进入对音乐内容、形式、创新度等因素进行分析的模式。此外，参与演奏所带来的心流体验远远大于被动聆听，因为演奏音乐不仅更令人愉快，而且有助于自我意识的成长。

在传统音乐表演的情况下，观众提供反馈的渠道极为有限。不同于某些剧场表演，观众可以通过语言、口哨等方式与表演者互动，在高雅的音乐表演中，观众除了在表演结束时通过掌声表达自己的情感，几乎没有机会与音乐表演互动。尽管音乐欣赏是一件很神圣的事情，但是能够参与音乐的创造也是一件振奋人心的事情。因此，如果音乐被重新审视，它可以不仅仅只是一个消费品，观众也不再是音乐的消费者，而可以作为音乐的创作者参与其中。近年来，许多为非专业人士设计的音乐应用程序的出现，通过自然和简单的交互支持非专业人士去"玩"音乐，而不是"听"音乐，可以很好地说明普通用户的创造式参与已经成为音乐界面设计的一个趋势。

NOIZ 应用程序是伦敦一个独立音乐工作室的设计作品，主要利用混音的思想。它的界面上设计了不同的形状单元，分别代表不同的简短的声音循环、效果或节拍。这些声音的样本是分离的，用户可以按住、触摸或拖动界面上的单元格，触发节拍、音乐小循环和音效，用他们想要的方式演奏一段流行音乐。另一类的应用程序利用了序列器的概念，用户可以控制节奏并用单音创建循环。BeatWave允许用户在触摸屏上轻松创建音乐节点，通常是一个简单的音符或鼓点，节点自动有节奏地重复，形成节拍、和弦、节奏。它还允许用户使用实时声音效果执行变声，并分层进行不同的旋律和节拍构建，逐步形成一个完整的曲目。

"开放交响乐（Open Symphony）"是笔者在攻读博士学位期间主持设计的项目，这是伦敦玛丽女王大学与吉尔达音乐戏剧学院合作开发的一个开放式的表演系统，旨在支持观众在大型音乐表演中的创造性参与。表演的开始，观众使用手机扫描二维码，通过手机浏览器进入 HT-M15 支持的网页应用程序界面。这时候系统将随机为进入应用程序的观众分组，为观众随机指定一名表演者，观众主要与这位表演者进行互动。手机界面上有五个图标，代表五种音乐演奏的模式，观众可以根据现在音乐发展和演奏的状况，以及界面上显示的组内成员的选择，为表演者选择演奏的模式。系统将显示小组的投票，并为这名表演者指定一种演奏的模式。根据其他演奏者的现场表演，表演者在这种演奏模式下进行创作。在表演现场，表演者的面前及背后，有两块屏幕，实时显示所有用户的选择，以及所有表演者的演奏模式，使表演者和现场观众对全局都有一个整体的把控。"开放交响曲"通过使用包括网络、信息可视化、移动技术和传感器等技术，通过表演者和观众的实时互动与合作，探索观众对音乐表演的创造性和自发性。该项目旨在探索现场音乐的表演形式，使观众能够有意义地合作开发一个音乐作品。通过将音乐和技术重新组合为合作工具，观众成员积极影响在现场环境中播放的音乐，在多个观众成员和表演者之间创造有意义的相互体验。开放交响乐项目创造了新的音乐体验、新的作曲方法，这些对于观众和表演者来说都是令人振奋的。

能够创造性地参与新颖的音乐创作是值得一提的，也是一件好玩的事情。然而，为非音乐家设计新颖的音乐界面具有一定的挑战性，因为他们缺乏对音乐概念的深入了解，以及一些必备的音乐技能。对节奏的掌握需要长时间的训练，一般人很难有信心和有实力去完成一件满意的音乐作品的设计和创作。因此，尽管大多数的非专业人士对"玩"和"创作"音乐很感兴趣，但他们还只能停留在简单的混音层面。

相对其他的参与形式，创造式参与是一个较新的主题，它的理论发展于人机交互领域对创造力支持系统和用户体验的关注。支持创造式参与的目的是帮助用户获得对用户来说是积极的、有意义的创造体验。目前，学界针对创造式参与主要从互动艺术、互动音乐方面开展了理论和实践研究，未来将会在更广泛的领域开展研究。

第五章　交互媒体时代的创新应用

数字技术促进了动画艺术的发展。动画作为数字信息的载体，受到了以受众价值为基础的设计思想的影响。动画的表现形式变得更加互动化，融合了视听艺术和数字技术，使用数字界面中的图形符号作为表现元素，将动画设计原理融入到界面视觉表现之中。这种动态表现艺术被加载到智能操作系统中，成为信息展示的一种方式。本章主要从走进交互媒体时代、数字媒体艺术在交互设计中的应用领域、交互动画与数字影像的创新应用和数字媒体交互设计的作品欣赏四个方面进行阐述。

第一节　走进交互媒体时代

人类社会已进入"富媒体"时代，各式各样的媒体模式改变了我们的生活状态，它们的名称已经成为全球范围炙手可热的名词，如"多媒体""数字媒体""交互媒体""新媒体"等。不管是探究过其内涵的专业人士还是从街谈巷议中刚听到它们的非专业人士，都不可避免地受到这些时代生活指示器的影响。传统媒体（如广播、电视、报纸杂志等）都是以线性方式将信息传递给浏览者，即按照信息提供者的感觉、体验和事先确定的格式来传播。在交互媒体的环境中，浏览者以参与者的身份参与到信息的双向交流中来，不再像在传统媒体环境中那样被动地接受信息。交互媒体的结构更加多样化，浏览者可以随意在各个栏目间切换，接受信息的方式是非线性的。随着社会的进步与计算机的普及，交互媒体已逐渐从一个特殊的技术层面渗透到社会生活的诸多领域，迎来了交互媒体的新时代。

一、交互媒体的感官元素交互

（一）身体感官元素的交互

人类的感官的延伸形成了物质世界，而这个世界其实被一个虚拟世界所环绕，我们正在日益加快进入这个新媒介的步伐。研究聚焦于人作为信息、物质交换和交流的核心或媒介，并探索其在此过程中的作用和影响。由于我们认为现实是可以观察、感知和嗅到的，因此就像我们在日常生活中忽视空气一样，我们也忽视了现实世界之外的虚拟世界的存在。

1. 视觉元素的交互

在所有感觉中，视觉是最为重要的。当我们以眼睛感受世界时，才会领略到世界充满着文化与感官上的美。视觉形象并非简单的复制感性材料，而是对现实地巧妙捕捉和创造性表达。这种形象包含了丰富的想象力、创造力以及观察力，是美的形象的具体表现。虚拟艺术主要以视觉呈现的方式呈现作品。互动艺术的视觉语言汲取了传统艺术的元素，尤其是影视艺术的语言风格，展现出独具特色的风貌，呈现出与以往任何形式的艺术作品不同的崭新面貌。研究交互艺术的视觉语言不仅具有理论意义，同时也能够为所有基于视觉形象设计的虚拟艺术作品的创作提供重要的指导作用。非文字表达方式中的视觉语言，是一种能够传递信息、表达情感的语言形式。视觉语言传递的是外部世界的感性特征，诸如图形、线条、色彩等，包括拍摄的照片、短时的影像或动画。绘画、书法、戏剧、舞蹈、摄影、影视等是运用视觉语言传达艺术信息的典型艺术形式。视觉语言不仅负责交流、沟通和传递信息，与其他艺术形式相比，还它在形式上创造了丰富多彩的视觉艺术形态，从而为我们的生活增添了美感。与其他艺术形式相比，交互媒体艺术的视觉语言融合了多种语言元素，并在作品中发挥着极为重要且独特的作用。这种丰富而灵活的视觉语言是交互媒体艺术所必不可少的。视觉语言通常是交互艺术作品中最为重要的表现方式。随着视觉文化逐渐成为一种流行文化，交互艺术的视觉表达也呈现出显著的趋同性。那些从事交互艺术创作的人们，因为大部分人都喜欢跟风，所以会极其努力地根据大众的喜好来制作作品，以达到视觉效果更加生动、丰富、多变和吸引人的目的。在众多虚拟艺术作品的视觉效果方面，可总结出一些共通的特征：首先是强调变化多样。虚拟艺术的一个显著特征是其交互形式，这使得受众可以在多样化的内容和图像变换中进行选择，从而吸引了众多观众的注意。这与绘画等传统艺术截然不同。传统绘画的深刻内涵和多元表现世界，展现在静态的平面上，借助各种绘画技巧描绘出多样的空间感，超越了平面的局限，这是历代艺术大师不遗余力的艺术探索。相较于绘画艺术，许多交互艺术作品虽然同样呈现在二维平面上，但它们借助于不断变化的影像，成功地突破了二维空间的局限性。这种影像表现出非常多样化的形式，使观众可以进入无数变化多样的空间。这不仅打破了传统绘画艺术的桎梏，也是在影视艺术的基础上实现了重大创新。影视艺术通过运用动态的影像打破了传统绘画作品的静态感，而新媒体艺术则以多样化的影像形式打破了传统影视作品的单一性，同时利用多样的视觉语言打破了传统绘画作品的空间限制。可以说，交互媒体艺术的特点就是鲜明的语言特色。互动技术的出现和发展，促进了艺术创新的实现与推广。正因为虚拟艺术具有如此多样化的特点，才使它在当下这个以视觉文化为主导的时代中备受大众青睐，赢得广泛的关注和支持。其次，强调直观的视觉效果。许多互动艺术作品首先会通过视觉上的强烈吸引力来引起受众的注意和兴趣。如果交互艺术作品缺乏引人入胜的视觉语言，它们很可能无法吸引观众的兴趣。据研究表明，在电视艺术领域，很多学者已经得出结论：观众在使用遥控器时，平均每隔 3 秒钟就会切换一次频道，以寻找更符合自己口味的电视节目。互动艺术作品需要通过简洁的视觉语言来传达其深奥的内容，这是创作的一个重要挑战。尽管如此，作品艺术理念的传达与其直观性始终存在一种不可调和的矛盾。各种出色的视觉艺术作品都因为在自己的有限领域内，以独特的方式成功地实现了表达理念和打破视觉常规的目标。交互艺术作品同样如此，那些备受欢迎的作品通常采用简明易懂的视觉风格，用艺术手法表现出了创作者的创作理念。最后，重视娱乐。交互媒体艺术作品常常伴随着娱乐形式。交互艺术作品天生具有娱乐性，这是由于其鲜明的交互性特征所决定的。研究受众反应后可发现，人们热衷于互动艺术作品的主要原因在于可以积极参与作品并获得无限的乐趣。与其他艺术形式相比，交互艺术的最大优势在于参与性，这是其他艺术形式所无法比拟的。它直接带给了受众无法比拟的快乐，这种快乐是由娱乐性直接创造的感觉所带来的。因此，即使那些交互艺术作品并没有强调娱乐性，它们也不可避免地具有娱乐性。这些作品同样利用视觉效果的娱乐化表现来吸引尽可能多的关注者。

2.听觉元素的交互

听觉是最微妙的感官体验。我们渴望有声音的世界，享受音乐和言谈的美好，而不愿意生活在寂静中。我们通过声音来理解周围的环境，和它进行互动，传达情感。在人类的感官中，除了视觉，听觉也是非常重要的。听觉是人类获取语言和其他声音的途径。因此，声音不仅仅是一种传递信息的工具，还可以成为一种语言表达方式，并通过其独特的传递方式形成新的艺术形式。人们通常将主要以声音为基础的艺术形式称为听觉艺术。尽管互动艺术的内容由多个元素组成，视听元素却是不可或缺的，因为在这种艺术形式中，视觉语言和听觉语言都发挥着至关重要的作用。在各种互动艺术作品中，声音作为听觉语言与画面配合的表现元素，其作用也是各不相同的。在大多数互动艺术作品中，声音往往以背景音乐的形式出现，以此来增强作品的氛围。在某些强调特定艺术理念的作品中，声音常常扮演主角的角色，成为作品中最为关键的艺术创作元素。根据石井勋博士的研究，人类会通过五种感官来接收信息和获取知识。在人们接收的所有信息中，83％的信息是通过视觉获得的，11％来自听觉，而其余6％则来自其他渠道。显而易见，声音是除视觉外对人类最为重要的信息来源。声波的频率、振幅和波形是声音中音高、响度和音色三个关键要素的基础。这些特征使得声音具有多样的形态，就像视觉形象一样。从本质上讲，声音是人类了解和接触自然的重要媒介、工具和手段。尽管我们无法从声音中获得与视觉形象相同的信息量，但它仍然发挥着不可忽视的重要作用。首先，声音传达着特定的意义。通常情况下，某种声音是某种意义的载体，我们可以通过听到周遭事物发出的声音，来判断其各自的含义，如鸟儿的啁啾叫声、秋雨的细沙响声以及机器的巨响声等。声音是客观事物所传递出来的信息之一，也是我们判断和分辨事物的重要指标之一。人们能够通过客观事物或人的声音，结合自身的心理和生理反应，来认知和了解其表面和本质特征。实际上，声音的本质具有很大的限制性，因此在获取对事物的认识和把握方面相对不够准确。仅靠听觉来获取信息，会使对客观事物的理解存在着较大的误差。然而，通过协调和整合听觉和视觉、声音和图像，能够有效地弥补我们在理解客观现实世界方面的限制和不完善之处。其次，声音也可以形成听觉信号。人类利用语言来沟通思想、交流情感。符号、图形、图像所形成的视觉信息可以被固定下来，而声音则具有语言能力，可以形成独特的听觉信息。在听觉领域，人类所使用的语言方式是至关重要的，它不仅能够支持我们的生存，也为人际交流提供了独特的方式。类似于视觉语言，互动艺术作品中的声音也在传递独特的信息，可视为一种独特的听觉语言。作品中的声音和图像互相支持，相互促进，形成了听觉和视觉的语言，从而达到了作品的内容、价值、主题和风格的共同创造。最后，艺术创作与声音之间有着紧密相连的关系。借助声音，我们不仅可以识别日常生活中各种事物和环境，还能够辨识人们的情绪和心理状态的变化。尽管声音在人类的感知中存在局限性，但其独特的魅力却成为许多艺术家创作好作品的关键元素之一。正因为如此，声音成了许多艺术门类中不可或缺的元素。在各种音乐类型、影视艺术、交互艺术以及相关的新媒体艺术中，声音不同于其他艺术元素，有着自己独特的优势和特点。声音通过与画面、图像等元素的结合，共同创造艺术。

与其他艺术形式相比，交互艺术作品的类型非常灵活，没有固定的形式，这也是其独特之处。在影视艺术中，声音和画面皆为作品外部形式的明显表现，而它们所表达的内容则是多种多样的故事。表达故事的方式因风格不同而异，这已经成为一条几乎不可更改的规律。在交互艺术作品中，由于作品类型的差异，声音元素既是内容的表达方式，同时也承担着形式的角色。它主要分为两种类型：一种是与视觉效果紧密融合，在作品内容的表达上呈现出的一种不可或缺的形式，在这种类型的作品中，声音元素的功能与传统的影视艺术中声音元素有些相似；另一种是作品的重心在于声音元素的呈现，并通过声音元素来传达作品的主旨。某些作品需要结合视觉元素和听觉元素才能呈现完整，而有些作品则只利用声音元素就能单独构成作品。声音元素是互动艺术作品所必需的，且不可替代。由于互动艺术作品更加强调视觉元素，旨在吸引观众积极参与并关注视觉上的变化，因此人们通常会忽略声音在作品中的作用。出色的作品能够善用声音，包括利用音乐和其他独特声音元素，以吸引受众的关注，并增强作品的感染力。在互动艺术作品中，由于技术限制，很少能完美地再现现实生活的声音，因此艺术家经常创造虚拟的声音来丰富作品的艺术性。许多互动艺术作品都利用受众的互动行为来创作，将其转化为特殊的声响效果。这种虚拟声音的设计与植入，能够与受众的欣赏行为紧密相连，进一步加强受众与作品之间的互动效果，更深刻地表现出互动艺术的吸引力所在。另外，声音元素是互动艺术中脱颖而出的显著特征，且呈现出强烈的现代感。互动艺术是艺术与现代科技的有机结合，注重借助多媒体的声画优势，凸显现代电子媒介环境和其文化的现代感。在形式上，互动艺术作品的另一个显著特点则是其声音元素。声音除了增添有趣的信息，与图像的融合也是表现作品现代感的一种有效方式。仅靠图像无法完美呈现某种氛围或风格，然而配以某种基调，则能够产生视听上的双重冲击，让人们更好地体验作品的主旨和风格。对于那些创造虚拟空间的作品而言，声音可以增强那种充满幻想、虚实交错的氛围。在这类作品中，声音不仅是艺术创作中必不可少的艺术元素，同时也是一种不可或缺的现代技术表现形式，这正是因为它能充分体现互动艺术的现代感。总的来说，声音对于体现互动艺术作品的整体形式而言是至关重要的。当观众参与某个互动艺术作品时，每当他们执行与图像相关的互动操作时，视觉元素都会吸引他们的注意力。同时，受众可以通过声音的介入更好地理解或确认当前互动环节的完成情况，并更有助于他们参与下一个环节的内容。有些互动艺术作品具有叙事性，这时声音和画面共同传递信息的方式可以有效减少观众对画面的误解和歧义，从而更好地激发观众的参与度。

在过去，艺术家更多地注重视觉效果，但随着社会的进步和时代的演变，他们逐渐探索更多的表达方式来丰富艺术的内涵，并使其更好地传达他们的艺术理念。实际上，尽管相对于以视觉为主的互动作品而言，声音互动艺术作品的数量尚不是很多，但声音互动装置已在我们的日常生活中广泛应用，如语音输入软件、音乐或歌曲检索系统、声音合成系统等。在互动艺术作品中，声音是一种主要元素，其独特的艺术魅力有时比那些以视觉为主的互动艺术作品更为显著。这种艺术作品的作者通过巧妙的创意构思，通常不依赖于图像来展示作品内容，而是非常注重声音的作用，以声音作为吸引受众和构成作品主体的重要元素。观众可以和作品进行互动，通过声音参与其中。这种类型的互动艺术，独具匠心、充满趣味，是众多互动艺术类型之中的一种重要类型，不亚于那些注重复杂影像的作品。在这种作品中，声音扮演着重要的角色，它充当着作品的核心内容，彰显了创作者的创作意图和作品的主旨。同时在视觉表达上，利用广泛的视觉艺术形象使作品更加生动。在互动艺术作品中，有以声音为主要内容的，在作品与参与者的互动中，这些作品可以根据互动元素的不同设计分为两类：一是通过视觉形象和其他元素发出声音，二是用声音引发视觉形象或其他元素。

3. 触觉元素的交互

触觉是最基本、最原始的感觉。除了热、冷、痛和压力，我们通过触摸还能获得其他感觉。如果没有触觉，我们将难以分辨事物的质感和细节，生活在一个模糊且迟钝的世界中。相对于传统艺术，虚拟现实艺术设计更加强调触感的感受。

加拿大学者德克霍夫在《文化肌肤——真实世界的电子克隆》一书中指出："人们认为三维图像是视觉的，但三维图像的主导感官则是触觉。当你在虚拟现实中四处闲逛时，你的整个身体都与周边环境接触，就像你在游泳池中身体与水的关系那样。"传统艺术要么像音乐一样，是听觉中心型；要么像绘画一样，是视觉中心型；要么像电影一样，是视—听觉综合型。尽管触觉在某些艺术形式（如雕塑）中具有一定价值，但在虚拟现实艺术设计中的作用显然更为重要。因此，如何改进触摸感和力反馈传感器的准确性，也是虚拟现实艺术设计的研究方向之一。此时新媒体艺术的技术特性变得异常突出。随着科技的不断进步发展，人们对自身感觉的研究正变得越来越深入透彻。我们正在通过科学的手段去表达的"感受"，并将其提炼出来。近年来，一系列先进的科技产品相继面世，如能够识别人类手部动作的"数据手套"，以及能够提供全景视野并实时分析受众脑电波的"数据头盔"。尽管这些科技最初的研发目的并非用于虚拟艺术中通过触觉影响受众，如数据头盔最初只是为了分析战斗机驾驶员在遇到不同模拟情况下的脑电波活跃状况，但是这些新兴科技也为新媒体艺术注入了源源不断的创新动力。与传统的视听传播方式不同，如何利用触觉来吸引和影响受众，实现真正"深入人心"的效果，这是虚拟艺术创作者的新挑战。虚拟艺术最引人注目的特征之一是其针对受众触觉的设计，这与传统艺术类型有所不同。尽管虚拟艺术在视听体验方面实现了高度的交互性，但是它仍然只是呈现了一个虚幻而缺乏真实触感的图像，因为其中的物体重量、硬度和运动等无法被人们真正感受到。如果我们赋予图像中的虚拟物体各种属性，如几何学属性、材料学属性、运动学和动力学属性等，并通过"某种设备"实现人机交互，实时传递属性信息，使人手指、手腕上的控制设备能够产生与人触摸真实物体时相似的刺激和反馈，这样的交互行为可以让人产生更加逼真的身临其境感。在虚拟艺术环境中，艺术家为观众创造各种物体并呈现逼真的声效，同时，当人们做出触摸的动作时，可以真切感受到物体的质感；在某些情况下，当我们与一些隐蔽的物体碰撞时，也可能会感到轻微的疼痛。这种基于触觉的信息反馈和互动方式十分贴近现实生活，能够极大地增强观众的沉浸感，从而更好地理解艺术家所要表达的思想。目前，触觉感应用还处于发展初期，因此受制于技术限制。但这一领域的前途不可限量，特别是在游戏和影视领域的应用，将会彻底改变当前的体验与感受。艺术家将其视为创作中不可或缺的工具。期待技术的不断进步，进而能够孕育出更多的让人惊艳的虚拟艺术创作。

4.其他感官元素的交互

嗅觉是最直接的感官体验。我们之所以能感知气味，是因为呼吸不断地与空气接触。气味像是一种强大的触发器，像一个隐蔽的开关，在我们的记忆深处悄然触动，就会引发出各种情绪和回忆。味觉是最亲密的感觉之一。食物不仅仅是吃饱填肚子的工具，还可以为我们每一个细胞注入能量，让我们感受到生活的美好和多彩。它是让我们品尝生活丰富多彩的神奇工具。中国菜强调色、香、味俱全，从这一点可以看出，嗅觉和味觉在人们接收信息时扮演重要的角色。每个人都会有这种经历，当我们回忆之前去过的某些地方或经历过的某些事情时，常常会联想到特定地方的独特气味。同样，当我们嗅到某些特殊的气味，或品尝到某些特别的食物时，会引发我们的一些相关记忆。尽管嗅觉和味觉所传递的信息相对于视觉、听觉和触觉而言较少，但是由于它们能够直接引起心理反应，因此新媒体艺术家必然会对这种方式进行关注。就像26个字母可以组合成无数的英文单词一样，我们只需要掌握生活中基本的一百多种气味，并将它们进行混合，就能够模拟出各种现实生活中存在的气味了。像嗅觉元素一样，味觉元素也可以被科学地分解为基本元素，即我们所熟知的酸、甜、苦、辣，这四种基本味道组合形成了我们在日常生活中尝到的所有味道。目前限制条件很多，因此嗅觉只能在虚拟互动艺术中发挥辅助作用，对于视觉、听觉和触觉等其他信息传播方式，只能起到一种增强渲染效果的作用。例如，当我们欣赏画面中展现的原始森林信息的同时，耳边自然地传来各式各样的鸟鸣声。如果此时作品能够散发出泥土和青草的芳香，定能使观众更深刻地感受到自然的美妙。相比传统艺术，交互媒体艺术具备更多的信息表达和环境打造方式。为了最好地传达作者的意图，创作者需要巧妙地组合和利用这些方式，以实现受众的身临其境感，将感官体验提升为多感官的综合体验。

（二）全息感官元素的交互

联觉是一种非常特殊的感觉体验。我们的感受不断地被生活所滋润，每个人都在感官交错的体验中慢慢成长。联觉是一种心理现象，当多种感官受到刺激时，它们之间可以相互作用，从而产生全新的感觉体验。联觉并不是令人不堪重负的负面效应，而是可以给富有创造力的人带来活力和灵感的积极现象。交互艺术作品不仅仅只是影响了人类的视觉和感情，还更多地利用了观众的感官和身体感官反馈机制，从视觉、听觉、触觉、味觉和大脑等方面与观众直接互动，产生更全面、更深入的体验。观众可以通过温度、湿度、力度、红外线等多种方式与作品进行互动，这种交互方式不仅突破了技术限制，同时也使人类的艺术体验从仅有视觉上升到了全身心的层面。

二、交互媒体设计的主要应用领域

交互媒体设计在数字媒体领域牵涉到社会的多个方面。例如，手机、MP3、软件、网站、GPS 和文化场馆等领域的用户界面设计。我们可以将其归纳为三个主要领域。

（一）交互手机媒体

在过去，交互手机媒体只是一种用于语言通信的工具。如今，它已经演变成一种全新的媒体形式，比如手机，它能将网络、音乐、论坛、购物、电话、电视、视频、报纸、小说、电影等多种功能集成在一起。它随着我国 2009 年正式推出的 3G 技术而问世，伴随着更加便捷的图像处理、音乐、视频、网页浏览、电话会议、电子商务等多种信息服务。在 2013 年 12 月，我国通信行业开始应用第四代移动通信系统技术，并由此进入了 4G 时代。从上述内容中可以得知，技术需要满足交互媒体的需求。此外，随着科学技术的迅猛进步，手机早已演化为一种象征消费的代表，各种新型手机层出不穷。从传播学的视角看，交互手机媒体表现出了定向、及时、分众和互动等特点。但是，它的问世使得传统的大众传播媒体和接收者之间的角色变得模糊不清。现在手机屏幕和分辨率已经足够好，有些甚至可以与电脑和电视屏幕的效果相媲美。从广告心理效应模式的角度来看，关注是最关键的因素。无论手机媒体形式如何改变，吸引力始终是成功与否的关键。手机能将移动和娱乐更加有机地结合，将购物和旅游更有效地融合，娱乐体验可以激发消费者的情感共鸣，购物能减少时间效率，这都能给用户带来精神上的满足感。因此，用户也愿意购买这种服务。在以科技为支撑的环境中，手机媒体的核心在于艺术表现和创意。手机媒体应该尊重消费者的个性化需求而非强加限制。未来的手机交互媒体应该注重独特性和创新，同时提供娱乐性内容，让更多人受益，同时也应该在界面和内容形式上做到多样化。

（二）虚拟现实媒体

当前，虚拟现实技术是多媒体领域中备受关注的热门技术之一。该技术产生的沉浸式体验是通过虚拟现实、三维实景、多通道交互或机械数控等技术联合创造出来的。此外，该技术还可以通过眼、数字摄像头、红外线感应等多种采集工具来捕捉受众的语言、表情、动作，并进行数据分析和计算机程序处理，再通过使用声音、图像、音乐、光线、数字视频、合成动画和机械互动装置等手段来实现与受众对话的目的。它集成了最先进的人机交互技术、传感技术、计算机图形学和人工智能等领域的研究成果；它能够创造一个逼真的、真实感十足的三维环境，使人们可以在其中体验到视觉、听觉、触觉和嗅觉等全方位的感官体验。虚拟环境是由计算机系统、各类传感器和软硬件设备组成的，能够呈现出实际物品及场景，并与用户产生交互作用。这个环境可以是现实世界中的事物和环境，也可以是虚构的、不存在的事物和环境。虚拟现实艺术作为数字艺术的一种新形式，也被称为沉浸式交互设计。通常被运用在博物馆、艺术场馆、公共空间展示等领域。利用计算机捕捉人体多种感官和动作，以及时反馈的方式，让用户沉浸在虚拟交互环境中，通过视觉、听觉、触觉、嗅觉等感官手段和智能化艺术作品实现即时交互，来实现情感交流的用户体验。

（三）网络媒体技术

网络媒体利用网络技术把影像视频、音频、动画、三维数字技术等信息传播到全世界，且成本低廉，技术门槛较低。通过创新方法，媒体技术家和艺术家成功地克服了网络视觉和媒体所带来的局限，他们采用了诸如 HTML、Flash、JavaScript、JSP、XML、CSS 和视频流等技术，以此开发出了具有动态特性的网站。我们在生活中经常会接触到博客、播客、网络视频、Digg、维基百科、威客、微信、百度、QQ、网络游戏、P2P 下载、网络电视、微博、电子商务等网络领域的产品服务，它们满足了人们表达自我、创造新生活方式的需求。网络交互媒体的成功不仅依赖于出色的前台艺术表现，还需要以其为支撑的技术后台，两者是相辅相成的。吸引用户的前提是界面艺术表现，而这需要设计师对界面设计进行精细的定位，同时技术关系着一些想法的实现，越先进的技术支持越能够更吸引用户的关注。

三、交互媒体在公共艺术中的价值

（一）新媒体介入，传播地域文化和城市精神

公共艺术是通过艺术形式将公共文化和主流价值观传递给大众的。公共艺术是城市的表现形式之一，是城市文化的一部分，记录和体现着城市的历史、现实和发展变化。它具有独特的艺术表达方式，可以诠释和传承城市的地域文化特色以及公共文化价值观，同时也是城市形象的重要组成部分，有助于凸显城市的独特魅力。优秀的公共艺术会成为城市历史的不可或缺的一部分，代表着城市的精神特质和文化韵味。交互媒体公共艺术的出现，使得传统公共艺术的构成和审美标准得到了改变。在互联网时代下产生的交互媒体公共艺术，以满足公众的精神文化需求为根本，其目标在于建设人文城市和智慧城市，在民族和地域文化的基础上，采用多种媒介融合和体验式的创新方式构建的。通过多种手段和媒介传承历史和地域文化，并致力于创造创新型城市公共空间和城市新文化。公共艺术通过与互联网的融合，不仅在公共艺术中注入了新的活力和形式，同时也开启了新的发展前景。

（二）交互式体验，拉近公共艺术与公众距离

公共艺术已经更加贴近公众，这要归功于交互媒体的出现。随着互联网＋时代的到来，交互媒体已经广泛渗透到了人们的生活中，不仅彻底改变了公众的观念，也改变了公众的行为方式。随着交互媒体的兴起，公共艺术与社会公众的互动将不再局限于单一的视觉感受，而是向多元的互动体验发展。从被动的单向观看方式，向更加交互和沉浸式的复杂体验方向发展。在传统媒介下的公共艺术中，公众通常是被动观看艺术作品，与艺术之间缺乏互动性。随着信息时代的到来，公共艺术与交互媒体结合，使得艺术与公众之间建立了交互关系，公众的积极参与进一步丰富了公共艺术的发展内涵。

（三）新科技应用，提升公共艺术创新水平

艺术和科技都有创造力和创新性，将新技术和新媒体应用于公共艺术，为艺术语言和表现形式带来了更多的元素和丰富性，进一步推动了艺术事业的不断发展。公共艺术在科技发展的推动下获得了新的形式和手段，得到了进一步的发展。

交互媒体公共艺术是一种基于数字技术，依赖互联网和信息技术，以互动理念和技术为核心的新型媒体艺术形式。公共艺术成了新科技的展示平台，为大众带来了全新的艺术感受。将交互媒体应用于公共艺术，不单是在技术方面创新，更是为公共艺术开拓了新的探索方向，为表现方式及语言提供了创新的可能性，呈现出强烈的时代特色。通过将艺术与科技融合，改变了公众的认知经验。随着人类不断推陈出新，科技也不断地革新，这种创新精神打破了传统思维模式，同时也助力于公共艺术审美观念和艺术样式的更新与加速，这种新的思想观念深深地影响着公众对艺术的需求，促进技术与艺术在融合创新中不断发展。

（四）多媒介融合，拓展公共艺术场域认知

公共艺术涉及多个学科领域，不仅跨越了不同文化，而且还具有综合性的研究意义。公共艺术已经通过互联网、大数据、云计算、电子技术和信息技术的应用与推广，拥有了新的表现形式，在与公众的互动中发生了翻天覆地的变化，这也激发了多元化的交互媒体公共艺术在当代城市中的持续发展。与传统媒介相比，通过"互联网＋公共艺术"更具时效性和更容易被公众接受。公众广泛参与的特点具有公共属性和文化属性。由于参与程度因人而异，因此交互媒体公共艺术要一直保持动态。通过交互方式，交互媒体公共艺术将多样化的公共艺术元素巧妙地融入城市生活，展现了城市物质文明和精神文明，使公共艺术走进生活中，从而提高了公共艺术的艺术性。同时，将现实与虚拟相结合，让公众更深入地了解艺术和文化，使公共艺术呈现出多样、灵活的形式，打破单一、固定的呈现方式。

首先，在公共艺术中广泛运用交互媒体的前提是艺术人文约束；其次，这种应用是以互联网为基础，以科技为驱动力，借助交互媒体来扩展艺术传播的广度和深度，让观众在艺术交互中获得艺术享受和领悟。

四、交互媒体设计面对的机遇与挑战

（一）交互媒体设计在新时代的机遇

交互媒体设计是人机对话的一种方式，它不同于传统的视觉设计，用户不同的操作方式会让机器产生不同反应。例如，滑块和按钮在手机和网页界面上扮演

了重要角色，它们的设计就是引导用户进行操作，而用户的操作会对机器的表现产生影响。由此可以看出，交互设计和传统媒体设计有着不同之处，如传统的招贴形式只能被动引导观看者，观看者的行为不会影响招贴的呈现方式。但是在交互媒体设计中，观看者的行为会直接影响界面的变化，不同层次的变化与观看者的行为息息相关。因此，观看者不仅仅是被动的观察者，而是参与了整个视觉传达过程中的交流。在交互设计中，最明显的特征之一是互动性强，这被视为它在新时代的机遇。交互设计是以互联网技术为基础，聚焦于计算机技术。除了具有强大的互动性优势，它还有许多其他的优点，包括娱乐性强、内容生动、成本低廉、信息传播速度快，以及无限量的信息容量等。这些优点都为新时代交互界面提供了发展机遇。

（二）交互媒体设计在新时代的挑战

在传播媒介不断发展的过程中，任何一种进步的方式都会遭遇阻碍，交互设计也不例外。妨碍它发展的除技术上的障碍和观念上的障碍外，交互设计的局限性还体现在以下多个方面：

1. 电子设备对电的依赖

没有电，电子设备就无法正常工作。在过去，电脑的运行必须依赖于电源，而电子设备和数码产品同样需要电能支持才能正常运转。而随着移动电源、充电宝、锂电池的诞生，数码产品对于电源的直接依赖正在逐渐减少。目前，无论你身在何处，都可以使用手机和笔记本电脑进行娱乐和办公。尽管不可避免地需要电，但如今的电能供给已不再受限于单一电线，而是逐步转向多元化的电力供应形式。电可以对交互设计造成限制，但并非决定性因素。

2. 计算机技术的限制

在当今社会中，许多设计工作都需要借助电脑完成。虽然这对于传统设计师产生了一定影响，但实际上，现今几乎没有完全不会使用电脑的设计师。与此同时，随着科技的不断进步，也出现了许多新的工具和技术来缓解技术对设计带来的影响。比如，一种使用压力感应技术的笔。随着压感笔的问世，手绘不再是难题，即使不熟练键盘输入，也可以通过手写板解决信息输入的难题。虽然电脑软件的技术问题可能会对其功能造成一定限制，但这种限制并非无法被克服。举个例子，尽管进行网页设计的布局与排版通常需要依赖特定软件，但现今这些软件已经逐渐弱化了手工限制及设计基本元素的影响。现在的软件界面越来越简单易懂，工具条也越来越直观，变得更加"傻瓜化"了。随着电脑的不断发展，软件辅助功能不断强化，用户的使用条件反而变得更加宽松，尽管电脑技术也存在一定的限制，但并不会导致致命的后果。

3. 硬件设备的管理维护

在大型的设计公司中，不仅有专门存放机械的设备，还会有专业人员进行管理。只要公司有一定的规模，一般都会有专业的技术人员管理这些设备，唯一的区别就是设计公司规模的不同，会导致对设备的技术要求也不同。对于单一从业人员而言，由于机器配置得不足，需要耗费大量时间来处理或设计一套设备，而这些公司的客户数量相对较少，因此对设备升级和管理的要求也相对较低。对于规模较大的企业而言，其设备的管理和存储需要由专业技术人员和专业场所共同承担，虽然这会增加成本，但却能够提高生产效率。交互设计的进展并不会受到技术设备管理和维护的阻碍，因为这并不是一个致命的障碍。在传统的设计中，设备的维护管理问题也是一个需要解决的难题。比如，印刷机的管理需要专业人员，而存储则需要更大的空间。尽管当前的交互式媒体无需印刷，仍需将其存储于服务器空间中，但从某种角度来看，服务器所占用的空间比印刷机要小得多。随着交互媒体的蓬勃发展，越来越多的人开始接受它，因为那些看似受限的条件正在不断地被打破和改变，而这些限制已经不再是它们的束缚。这些看似对交互设计施加的限制条件，如技术的不断更新，实则为交互设计提供了有益的助推。在过去，普通人很难创造出一件精美的作品，但如今，只要拥有优秀的思维和一定的设计理念，就能通过电脑软件为我们呈现出一幅精美绝伦的杰作。举个例子，借助软件进行一次招贴操作，或者构建一个用户界面。由于软件模块的易用性，几乎所有人都能够进行个性化的设计，以 QQ 空间为例，可以用选择模块来修饰、修改网页空间。科技的不断更新，正在降低着设计的视阈，甚至使设计对手工的依赖性逐步弱化，越来越多的人也加入设计队伍中来。尽管并非随随便便就能当设计师，但是经过艺术学习就会提升他们的设计或审美能力，包括构成基础、配色原理等理论基础，这些理论基础不仅传统设计需要掌握，现代的交互设计同样也需要掌握。

（三）交互媒体设计真正的限制与期望

限制交互设计的真正问题，并非来自技术或设备，而是来自固有的观念。过去，传统媒体的受众与现今交互设计所面对的用户存在区别。从前的对象只是在某个特定地区的群众，而如今我们面临的是来自全球不同国家或地区，具有不同文化背景的人。他们对于交互设计的界面是否有不同的需求？现在的界面设计，是否可以用一个简单的方式适应不同的人？因此，交互媒体的界面设计越做越简单。例如，苹果公司 iPhone 的界面，图标的变化，由复杂写实再到扁平化。扁平设计成为近年来交互设计的一个大趋势，因为界面面对的不再是一个国家或地区的客户，而是全球客户。这些有着不同文化背景的人对于界面到底有什么样的喜好，其实都无法准确归类。所以，设计回归到最简单，对设计做减法，除了主要元素其余元素都减去。提供模块和纹样，让客户自己选择，他们喜欢什么，自己添加。例如，手机的 App，上面有很多的皮肤和元素模块，喜欢什么，客户可以根据自身的要求进行添加。又如，手机解锁屏提供了很多手机解锁的方式，这些都可以根据用户的喜爱进行改变，手机翻页的显示效果也是如此，可以选择平滑移动、3D 效果翻转或者旋转等。设计是从个性表现向共性标准发展的，便于普及推广。但由于受众日益广泛多样化，不同使用者会提出不同的个性化需求，因而上述的尝试出现了，即设计共性化而使用个性化。这样既满足了基本的设计生产标准化，又能实现众多的、不同文化背景受众的个性化。正是设计的共性化、简单化，才更加有利于使用个性的突出。当然，这是一种解决的方式，但并不是简单到极致就最好，因为过于简单也会出现很多的问题，如审美上的不足。另外，一个观念的限制问题出现在：如何对待不同年龄段。不同年龄段的人，除了生理上的客观因素，如老人眼睛看不清、小孩喜欢艳丽的色彩等，他们对于新事物的接受能力也是有所区别的。特定的人群需要观念上的改变。例如，一些老年人对电脑的认知还停留在其只是个游戏机的地步，认为手机只是用来打电话的工具。但是，随着时代推进，许多事物都普及至网络。例如，发放工资、发放退休金、申请老年保险等，很多操作都需要通过电脑网络进行。对于老年人来说，他们很难接受这种变化。以前在银行用存折存款、取钱，但是现在是通过一张卡。很多老年人不愿意用取款机，冰冷的机器让他们感到困惑，因为这些机器的界面让他们有一种不安全感，他们不敢用，他们需要有人操作才有安全感。为什么老年人在面对机器时会有这样的感受？因为他们感觉机器无法交流，机器的语言无法理解。交互设计需要做的就是改变这种冷漠的机器语言，让语言视觉化，让视觉适应化，从而解决不同年龄段观念上的限制问题。交互设计需要解决的问题，从横向对比的角度来看，就是来自不同的国家或地区的人，对于审美和使用的不同需求。以百度和 Google 为例，它们的界面框越来越简单，就是为了适应不同的地区受众使用的结果，同时这种简单的设计可以满足不同的操作系统和显示屏的显示，让界面流畅操作简便，然而在同样一个网页框上又有微妙变化，如 Google 的标志会根据不同的节日变化、百度的天气界面会根据天气状况变化等。纵向的对比来源于同一个国家或地区不同年龄段的使用人群的心理需求。例如，对于老年人来说，社保局和老干网就是他们需要访问的网站。因此，这些网站就需要解决如下的问题：如何去吸引特定的对象来操作，而不是依赖于人工操作？怎样摆脱这类客户对人工操作的依赖性？怎样增加视觉的安全性，让老年人知道机器的沟通与人的沟通同样无障碍？

这些看似技术阻碍的问题，是交互媒体所面对的，实际上也同样是传统媒体所面对的。传统媒体依然坚强地在时代冲刷中生存，可以预想，现在的交互媒体有太大的生存空间和一个更容易被人接受的光明未来。所以，去研究探讨交互媒体设计是非常具有实际意义的。

第二节　数字媒体艺术在交互设计中的应用领域

本节主要围绕着数字媒体艺术交互设计的应用领域进行讲解，包括数字网络、虚拟现实、数字游戏、数字电视、数字电影及数字出版等六大常见应用领域。

一、数字网络

（一）网页浏览器

一种应用软件，能够呈现网站服务器或文件系统的 HTML 文件（标准通用标记语言）内容，使用户能够与这些文件进行交互，这就是所谓的网页浏览器（Web Browser）。该设备能够展示局域网或互联网中的文本、视频和其他媒体内容。用户可以通过超链接简单方便地访问其他网站的内容，这些内容包括文本和视频等形式。尽管许多网页使用 HTML 格式展示，但还有一些页面采用了仅在特定浏览器上才能正确显示的语法。网页浏览器和网页服务器之间的交互主要使用 HTTP 协议，以获取由 URL 指定的网页内容。这些网页通常采用 HTML 格式，并在 HTTP 协议中由 MIME 类型指定。一个网页可以由多个从服务器获取的文档合并而成。几乎所有的浏览器都兼容 HTML、JPEG、PNG、GIF 等多种文件格式，而且还可以通过添加插件来支持更多格式，满足用户的多样化需求。除此之外，还有其他一些类型的 URL 和对应的协议可供使用，如 FTP、Gopher 以及 HTTPS（HTTP 协议的加密版本），这些协议得到了许多浏览器的支持。根据 HTTP 协议的规定以及 URL 协议的规范，网页设计师可以将各种元素，如图像、动画、视频、声音等，嵌入网页中。

1.PC 端网页浏览器

蒂姆·伯纳斯-李（tim berners-lee）是 Web 浏览器的开发者，他为 NeXT 计算机开发了这款浏览器，并在 1990 年将其命名为 World Wide Web。过后，Nexus 作为这个浏览器的新名字，被提供给 CERN 员工使用。许多新型浏览器在 20 世纪 90 年代初开始出现，其中一款是由妮可拉·派里（Nicola Pellow）领导开发的分散式模式浏览器。这种浏览器可在多个操作系统下使用，如 Unix 和 Microsoft DOS 等。此外，Samba 是第一个专为 Macintosh 用户设计的浏览器。

进入 21 世纪，随着互联网的发展，浏览器作为互联网的入口，已经成为各大软件巨头的必争之地，市场上出现的网页浏览器越来越多，竞争十分激烈，目前用户常用的网页浏览器主要有 Internet Explorer（IE 浏览器）、Mozilla Firefox（火狐浏览器）、Chrome（谷歌浏览器）、Opera（欧朋浏览器）、Safari（苹果 Mac OSX 系统中内置的浏览器）、360 安全浏览器、傲游浏览器、搜狗高速浏览器、猎豹浏览器、QQ 浏览器等。

2.移动端网页浏览器

移动浏览器，也叫作微型浏览器、迷你浏览器或无线互联网浏览器，是用于移动设备如移动电话或 PDA 的网页浏览器。移动浏览器对手持设备的小型屏幕显示网页做了优化，一些移动浏览器实际上就是小型的 Web 浏览器。

前期微型浏览器的代表是 1997 年 Unwired Planet（后来的 Openwave）嵌入于 AT&T 手持设备，使用户可以访问 HDML 内容的"UP Browser"。如今，随着智能手机的发展和普及，网页浏览器在移动端得到了全面发展，目前用户常用的移动端网页浏览器主要有 Opera Mini 浏览器、苹果 Safari 浏览器、UC 手机浏览器、百度手机浏览器、360 手机浏览器、搜狗手机浏览器等。

（二）互联网应用

1. 电子商务

电子商务是以信息网络技术为基础，以商品交换为目的的商务活动。电子商务通常是指在商业贸易活动中，买卖双方通过浏览器或服务器在因特网上进行交易的商业运营模式。典型的方式是消费者的网上购物、商户之间的网上交易和在线电子支付，以及各种商务活动、交易活动、金融活动和相关的综合服务活动。

2. 远程教育

现代远程教育是利用网络技术、多媒体技术等现代信息技术开展教育的新型模式，它包括学生和教师、学生与学生之间的交流，也包括学生与学习内容、教育平台之间的交流和活动。

3. 即时通信

即时通信（instantMessaging，简称 IM）是一种终端服务，允许两人或多人使用网络即时地传递文字信息、档案，利用语音与视频进行交流。随着交互式传播技术与互联网技术的发展，即时通信应运而生，它缩短了信息传递的时空距离，在内容、操作接口和功能等方面也越来越丰富，从简单地使用文字聊天的软件工具，逐渐变成一个具有传输影像、短信、语音、文件等功能的个人化平台，再加上沟通形态的转变，促进了即时通信的普遍使用，使人际互动变得多样化，也改变了人们的沟通方式。从最早出现的 ICQ 通信软件到 MSN、QQ 等，即时通信软件的功能不断地增加。如今，人们能直接使用即时通信软件进行语音交谈、视频聊天、文件传输等。近年来，网络人机互动的迅速发展，派生出不同的即时通信软件，如 Skype、LINE、微信等。

二、虚拟现实

虚拟现实技术是人们通过计算机对复杂数据进行可视化操作与交互的一种全新方式，与传统的人机界面及流行的视窗操作相比，虚拟现实在技术上有了质的飞跃。从本质上来说就是一种先进的计算机用户接口技术，通过给用户提供视觉、听觉、触觉等各种直观自然的实时感知交互手段，最大限度地方便用户的操作。

三、数字游戏

数字游戏是数字媒体艺术交互技术的综合运用。作为一种整合型技术，它几乎涵盖了数字媒体技术与数字媒体内容设计的各个方面，主要包括硬件技术、软件与程序设计技术、服务器与网络技术、认证与安全技术、内容节目制作技术等。

数字媒体技术将各式各样的数字电子游戏带到了每个拥有电视机、个人电脑和手机及其他数字终端设备的玩家手里，使数字电子游戏成为一种新的具有特别吸引力和参与性的大众娱乐媒体。随着数字媒体艺术交互技术的发展，数字电子游戏在功能与模式、题材等方面已经开始相互融合，技术上的互通性也更加显著。数字电子游戏既是一种全新的媒体，又是一种具有巨大能量的文化传播工具，在数字娱乐中占据着极其重要的地位。下文以儿童交互绘本在数字交互中图形元素设计方面的相关研究为例进行说明阐述。

（一）儿童交互绘本中图形元素的表现形式分析

随着数字化技术的不断进步，越来越多的绘本学者开始尝试利用数字技术，在探索绘本多样化形式方面做出努力。要设计一本适合特定年龄段儿童的交互绘本，需要对现有市场上儿童交互绘本的各种表现形式进行深入全面的了解。一篇名为《浅析儿童交互绘本界面的表现形式》的文章，研究了国内外儿童交互绘本的现有形式，并运用抽样调查的方法系统地归纳和概括了市面上的儿童交互绘本，并进行了分类和区分。通过分类分析，得出结论，即不同年龄段的儿童具有不同的思维认知特征，因此需要采用适合不同年龄段儿童的交互绘本表现形式。这个结论对专注于培养儿童逻辑思维能力的目标非常有帮助，因为它缩小了选取的范围，从而更好地为同龄儿童设计相关内容。上述研究中，总结出了儿童互动绘本的三种呈现方式，它们分别是电子图片集、视听互动集和体验反馈集。

1. 电子图片集

电子图片集主要运用传统的图片叙事方式，将纸质绘本的静态图像数字化并上传至移动终端，供用户浏览。相比于传统的纸质书籍，这种形式具有以下优点：

小巧轻便、成本低廉、方便携带、不占空间，并且易于修改。从界面的视觉呈现来看，电子图片集中的图形元素较为简洁，常以静态的画面形态呈现，页面布局以文字和图片元素为主，交互设计不多，与音频结合的方式也比较简单。儿童在早期阅读中，静态图片难以很好地引起他们的兴趣，甚至可能导致儿童在阅读时感到不安、焦虑、难以集中精力等。因而，电子图像的呈现模式并不适宜教育这个学龄儿童群体。

以 Ryebooks 工作室出版的互动绘本《神笔马良》（图 5-2-1）为例，该工作室专注于选取中国传统民间故事作为内容，并通过精心设计，以满足 5 岁以下儿童的需求。这本绘本最显著的特点是它提供了中文、繁体中文、英文和日文四种语言版本，让读者有更多的选择。该应用提供了两种语言版本阅读功能，包括英语和中文。在界面呈现方面，主要采用静态图像搭配声音播报方式，同时提供文字和拼音标注。在交互方面，仅包括提供导航界面和执行翻页操作。年龄不超过 5 岁的儿童，如果缺乏足够的词汇量积累，就很难在面对只有静态图像和文字界面时保持读者状态。因而，可以得出结论：针对这个年龄段儿童的身心发展，使用静态图片进行阅读是不够充分的。根据研究人员的观点，数字化绘本的阅读时间约为 20 分钟，在此期间还需考虑与读者之间的互动交流等其他因素。由于儿童在这个阶段很难保持长时间的专注力，因此可能会影响绘本所传达的有效认知。

图 5-2-1　Ryebooks——《神笔马良》

2．视听动画集

儿童交互绘本常使用视听动画集作为表现形式，它主要采用动态的叙事场景，加入一些交互元素，以丰富儿童的感官刺激。阅读后，使用游戏等互动形式帮助儿童更深刻地理解和记忆所学内容，从而使知识更加形象生动。通过与真实生活相关的点击和操作，孩子们可以加深对知识的理解，提高他们在认知过程中的注意力。通过给儿童交互绘本界面增加动态化的视觉效果，不仅可以丰富儿童的感官体验，还可以更加贴近实际生活，使儿童更容易产生共鸣。然而，这种形式在交互方面的使用不够广泛。假如孩子长时间以此方式进行观看，他们的观察方式会由主动变成被动，这将导致眼睛疲劳，同时也会限制孩子自主性的发挥。孩子的思维能力和故事情节紧密相连，生动的图像能够深深吸引孩子的注意力，但是这样也会让他们忽略阅读时所需要理解的内容，以至于会错过绘本本来想要传达的信息。

　　"多纳"是一个在线儿童教育品牌，新东方教育公司开发的。它的主要内容是学龄前儿童教育。如图 5-2-2 所示，《多纳成长故事》由 5 个故事组成，每个故事分别对儿童的不同性格进行培养，而这些故事主要针对的儿童群体是五岁以下的儿童。儿童在成长过程会遇到许多困难，而这些困难便是《多纳成长故事》的故事主题。这些故事通过绘本的形式表现出来，使得儿童在阅读绘本的过程中身心得到潜移默化的影响。这些绘本故事中所包含的一些良好的精神品质，都是儿童在成长过程中所需要的，如关心他人、克服困难、坚强勇敢。在界面表现形式方面，该绘本的主要特点是分层次模式的运用。绘本一共划分为了三种模式，分别为阅读模式、游戏模式、识字模式。在阅读模式中，故事的呈现方式是，有声阅读与简单动画相结合。故事的音效主要是以儿童的口吻来传达，但是这种方式缺乏与儿童之间的互动。在另外两种模式中：游戏与识字模式，轻松愉快的游戏是主要学习形式，在完成一些关卡之后会得到相应的奖励，儿童在这个过程中得到充分的鼓励，使其对学习的内容理解更为深刻。但是绘本外在的表现形式的多样化，有时也会"喧宾夺主"，使得儿童忽视了绘本中传递的知识，而将着眼点过多地放在外在形式之上。在这个情况下，儿童会很容易转化到被动的阅读状态。

图 5-2-2　多纳工作室《多纳成长故事》儿童数字绘本

3.体验反馈集

以数字技术和绘本相融合的方式，来激发儿童的感官并引导其进行思考。通过数字化的方式，在界面中反馈他们的想法。数字技术在这种形式中的最显著特征是为儿童创造了多样化的交互式体验，包括视觉、声音和触觉反馈等。这种方法能够让儿童在操作中得到愉悦的感受，同时增强了他们的认知能力。这个方法充分利用了儿童在这个年龄段接收信息时使用多个感官的特点。通过利用视觉、触觉、听觉和实际体验等多种方式，扩展了孩子的感官体验和认知。因此，这样的表现方式可以顺应儿童的生理和心理需求，满足他们希望通过互动、调动关注和积极参与的方式，建立在自身已有经验基础上进行判断，从而获得优良的认知效果。

《晚安，森林小主人》（图5-2-3）是Fox and Sheep于2017年推出的一款交互绘本，旨在培养儿童的睡前仪式。该绘本工作室主要专注于儿童创作和教育类内容。该出版商推出了三本针对儿童的互动绘本，均以晚安仪式为主题。除本书介绍的获得苹果年度应用设计奖的《晚安，森林小主人》外，还有两本：《晚安，马戏团》和《晚安，小绵羊》。这本绘本主要讲述了主人公与七种动物互动的故事，而灯的关闭则成为了整个情节的推动力。这本绘本利用语音指导的形式，教导孩子们为不同的小动物们关灯。同时，它还展现了小动物们在睡前互相问候和道别的感人场景。此外，每种动物在睡眠时发出独特的声音，这让孩子们感到非常有趣。这本绘本能以合适的方式引导孩子养成睡前仪式的习惯，贴近孩子的日常生活，符合孩子的心理需求。

图5-2-3 Fox and Sheep——《晚安，森林小主人》

（二）儿童交互绘本中图形元素的分类归纳

体验反馈集类型的儿童交互绘本符合皮亚杰提出的"操作式思维模式"的原

则，借助此种类型自身所具有的特点与该原则相结合，符合了儿童在操作中锻炼思维模式的认知特点。因此，笔者将本书中的儿童交互绘本的表现形式界定为体验交互集合，并根据其表现形式将该类型的儿童交互绘本组成界面的基本图形元素进行分类和归纳，同时总结出以下几种基本的界面组成元素：语义元素、色彩元素、声效元素、触控元素。

1. 语义元素

在儿童交互绘本中语义元素的使用是否恰当对整个绘本内容的表达占据着重要的位置。语义即是指图形符号的含义，当图形符号本身作为信息进行传播时，它所具有的价值就是传达。在交互绘本中语义元素的作用是将整个故事内容通过不同的图形单元进行组合串联，形成视觉化效果，对于此年龄段无法认识汉字的儿童来说语义元素是重要的认知手段。语义有别于图案、图画以及形态，它的主要目的是通过符号图形所代表的信息进行传达，是作为绘本内容传播的主要手段之一。[①] 根据本书对儿童视觉特征做出的分析研究结果来看，4～6岁年龄段的儿童此时正处于前运算阶段，对图形符号的视觉认知方式来说，主要是以符号认知来建立对外界事物的描述。儿童对图形理解程度：最先理解的是平面图形，其次是立体图形和方位。儿童在4岁的时候开始具有可以判断物体的大小、上下、内外、前后、远近等空间概念的能力。因此，在进行语义元素的设计中，应注重儿童生理和认知上所存在的局限性，合理编排语义元素的设计，使设计的语义元素所要表达的信息能够有效、清晰地传递给儿童。根据张锦华在《儿童喜欢的平面图形研究——以清华幼儿园为例》一文来看，他将图形的分类分为符号图形、生物图形，以及非生物图形三大类。在符号图形中，4～6岁的儿童较为喜欢圆形几何图形，对于方形和三角形这两类图形的喜欢区别不是很明显。在生物图形中，儿童更喜欢以动物为形象的图片。在非生物图形中，此年龄段儿童更偏向于与自己周边事物相关的图形，如衣、食、住、行等。在拟人图形中，儿童更喜欢有大眼睛、生动活泼的拟人化图形。[②] 以《小小伙伴》这款儿童交互绘本中的语义元素为例。该绘本主要是为5岁以下的儿童设计的，通过第一视角的角色扮演来培养儿童的同情心、分享精神以及创造力。在此款绘本的语义元素界面，语义元素的

---

① 郑金香，阴国恩，安容. 幼儿在辨别过程中图形维度显著性的研究 [J]. 心理发展与教育，2005(3)：13-16.

② 张锦华. 5—6岁儿童喜欢的平面图形研究 [D]. 北京：清华大学，2008.

设计主要以平面图形为主，在图形符号的设计上以轮廓较为清晰的大块图形表达，符合此年龄段儿童符号认知的特点。对于儿童来说，语义元素的设计应明确简洁，且突出主体想要传递的信息，在图形符号的使用上没有过多的与主题无关的图形符号，不会分散儿童的注意力，给儿童学习创造一个极佳的体验环境。切勿在设计语义元素时将整个界面布局设计得非常满，那样的做法会分散儿童的注意力，给儿童带去困惑，造成绘本所传递的认知信息大打折扣。

2. 色彩元素

对于儿童来说，早期所接收信息内容的方式主要通过视觉来完成的。在信息传递的过程中，儿童对于感官信息的认知：最先反应的是对色彩的认知，其次是图形认知。儿童随着身心各方面的发育对色彩的认知和理解也会产生不同的变化。[1]通常来讲，我们所说的色彩对眼睛的刺激，即是人对一个波长的光所感受的颜色。而儿童对于色彩鲜艳的颜色更为喜欢，是因为儿童在面对不同波长的光刺激时，他们更容易被饱和度、明度较高的事物所吸引，以此来满足他们好奇心。所以在色彩元素的搭配设计时，不同的色彩元素，应符合相对应儿童年龄段对色彩心理的特征。早期阶段儿童接收外界的信息主要是靠视觉和听觉，所以绘本中色彩元素的搭配是否合理对于儿童的认知影响起着关键的作用，这一点不容忽视。在绘本界面中色彩元素的设计主要体现在整个绘本的不同层面，其中主要包括在整个绘本中背景的设计、语义元素的设计、角色的设计、版式的设计等。首先，对于在交互绘本中色彩元素的搭配基调与整个绘本故事的内容有着密不可分的关系，在进行色彩元素搭配时应考虑到搭配的基调是否与故事内容的设计保持统一的呈现效果。因为，故事题材的选择需求决定了整个交互绘本中色彩元素运用的主要基调，其主要基调会根据故事内容所要渲染的情绪而进行设计。这样的方式配合故事内容营造出该故事所要传达的含义。一个完整的色彩元素体系建立可以帮助绘本营造出整体效果感，给儿童创造良好的体验感受。通过色彩元素的搭配渲染，使整个画面的氛围能够帮助绘本更好地表达主题，让读者更容易理解。色彩元素的合理搭配可以丰富整个绘本的表现内容，同时构建良好的视觉凝聚力，以色彩明度为例，通过不同明度的色彩配合，可以激发儿童对于颜色深浅的辨识。

以 Nosycrow 出版的《灰姑娘》（图 5-2-4）儿童交互绘本为例，该绘本讲

---

① 马培培. 当代流行绘本书中的色彩心理分析与启示研究 [J]. 编辑之友，2014(4)：95-96.

述的是灰姑娘的父亲去世后，继母和其女儿们开始对她百般折磨，让她受尽苦头，无意间的机会，灰姑娘得到魔法相助，遇到自己的王子，从此过上幸福生活的故事。整个故事画面在色彩搭配方面与故事内容的高潮起伏相互呼应，使整个故事表现得更加生动完整，给用户营造了一个体验感极佳的氛围。例如在故事开端，灰姑娘被继母逼迫在阴冷潮湿的厨房工作时，整个画面的色彩基调选择冷色调，以蓝色和咖色为主。通过冷色调的渲染，以及灰姑娘穿着简陋的衣服从而营造出了故事想要表达出悲惨、苦楚的场景氛围。在灰姑娘进入姐姐的房间帮忙整理衣服的画面中，整个画面的设计以暖色作为主要色调，而此时灰姑娘还是以灰色调为主，通过这样运用色彩元素，灰姑娘与姐姐形成了鲜明的对比，整个色彩基调的配合，将主角灰姑娘烘托出来，表现出了灰姑娘当时凄凉的处境。

图 5-2-4　儿童交互绘本《灰姑娘》界面中色彩元素的展示

3. 音效元素

在儿童互动绘本中，音效一般会以以下几种方式呈现：旁白、背景音乐以及互动触发的音效反馈。在音乐的背景下，儿童的情绪得到了带动。例如，在配合绘本内容播放快速节奏的音乐时，孩子会沉浸在一个充满紧张和兴奋的氛围中。音效反馈的互动性是交互绘本的主要特色之一。交互绘本最显著的特点是促进了读者与计算机之间的相互交流和互动。这种互动是双向的，读者和计算机之间可以实时做出反应。当孩子点击互动画面时，音效元素会产生回馈，这种交互方式可以让孩子更加身临其境。将多种音效混合在一起，有助于促进儿童的思维发展，并创造出一种逼真的阅读体验。如果一本儿童绘本只有活泼的图像和亮丽的色彩，也许会难以引起小读者的兴趣。音效元素的添加使得绘本更具趣味性和互动性，同时能够提升故事的节奏感。不同情节的音效配合，为孩子带来了紧张、激动和欢乐的氛围。因而，在互动绘本的儿童读物中，音效设计也起着至关重要的作用。

为了确保旁白语音效果良好，设计音效元素时需要考虑配音者的语速、发音清晰度和语调的合理运用，配音者需注意充分阅读旁白部分。应根据绘本内容和认知规律精心搭配使用背景和互动音效，以充分挖掘绘本的潜在价值。比如说，交互绘本《埃里克·卡尔的棕熊动物大游行》（图 5-2-5）是关于一只棕熊遇到其他动物，他们一起举办一场美妙的音乐游行的故事。整个绘本沿着棕熊的散步过程展开。这本绘本运用声音效果与孩子的互动相结合，让他们能够根据书中的动物角色自己配音，形成独特的动物音效，在增加趣味性的同时还促进了他们的创造力。

图 5-2-5　儿童交互绘本《埃里克·卡尔的棕熊动物大游行》界面中声效元素的展示

4. 触控元素

儿童交互绘本之所以与众不同，是因为它们使用了触摸控制元素。通过点击互动反馈的操作方式，使得用户逐渐习惯使用这种触控交互方式，从而实现更直观的操作。通过交互，绘本与儿童之间的互动方式得到改善，儿童成了故事的主角，通过操作和反馈深入参与其中。触控元素的运用则更进一步地提升了儿童的参与感和融入感。这款产品的目标是为儿童提供一种更有趣、更互动、更丰富的阅读体验，以期在娱乐的背景下帮助他们获取更多的认知。儿童互动绘本中的触控元素采用了多种不同的交互方式，主要包括点击、拖拽、涂抹、摇晃、倾斜和旋转等形式。该研究主要使用视觉、声音和触觉三种方式与用户进行交互，以反馈用户的操作行为。有效的搭配不同的触控元素，能够在用户操作中提供有益的指引。每个交互元素在绘本中都应该与其他元素相互关联，以营造整个故事情节的引导感。在设计触控元素时，需设想与儿童之间建立高效的反馈机制。如果响应速度缓慢或没有任何反应，这将使儿童在认知过程中消耗掉很多不必要的精力。这个年龄段的孩子受生理因素影响，不太能准确地拖拽或点击移动设备上的语义元素。因此，应该充分注意触控元素点击范围的设计大小，防止因为设计得不合理、操作困难，使得孩子失去信心。以《三只小猪》儿童绘本为例（图 5-2-6），这本绘本不同于以往传统的儿童绘本《三只小猪》，因为故事中小猪们的经历需要儿童与绘本互动配合才能推动故事情节向前发展。此绘本的制作者精心设计触控元素，引导整个故事情节的节奏，并通过互动交互的方式，不断推进整个故事情节的发展。这个故事善于利用触控技术的特色，引发孩子浓厚的兴趣。孩子可以互动玩耍，用吹气来吹倒小猪的房子，倾斜屏幕以寻找隐藏的角色和探索更多场景。同时，他们还可以驾驶大灰狼的卡车，与小猪展开惊险追逐。这种寓教于乐的趣味性互动，为孩子带来了轻松愉快的学习体验。

图 5-2-6　儿童交互绘本《三只小猪》界面中触控元素的展示

（三）儿童交互绘本中图形元素设计原则

图形元素之间的巧妙组合和互动设计有助于孩子通过亲身体验和玩乐的方式形成对事物的认知，促进儿童思维意识的发展。推翻传统的学习方式，不再仅仅局限于听、读、学的教学模式。在进行图形元素设计时，设计者必须能够确保整个应用的统一性，并确保图形元素与设计目标、主题以及内容相一致。这是图形元素设计的最基本要求。在进行设计审查时，需要考虑外观、布局和排列方式对美观价值的影响，同时也要关注用户的情感需求。这样可以确保遵循最佳实践并制定正确的指导原则。通过整合语义、色彩、音效和触感的元素，让儿童与绘本产生感官上的互动反应，从而提供更加全面和富有启发性的阅读体验，有助于增强儿童对知识的理解和认知。在进行儿童交互绘本中图形元素的设计时，应把握以下几点原则：

1. 需求性设计原则

在设计应用的图形元素时，必须深入了解最终用户的需求分析。首先，使用者与应用的主人公交互绘本协同完成故事情节，有时使用者可以是单独的个体，有时也可以是一些相同目标的群体。该应用的需求可分为操作参与感和使用目的需求两类。设计者应在图形元素的设计中注重儿童用户的参与感，让他们在操作时能够产生积极的生理和心理反应，如兴奋、愉悦等情绪。参与感的获取是通过身体感官接收到的信息传递到大脑皮层来实现的。不同的媒介形式，如图形元素的有趣变化、配合多样的声音效果以及触摸交互等方式，能够为儿童提供丰富的感官体验，满足他们生理和心理上的需求。其次，在设计交互式绘本时，需要明确设计的目标，并根据目标来规划各个部分的元素。如果交互动机没有明确的目标，很容易让用户分心，给儿童带来认知上的困惑，从而削弱绘本所传递的信息。

2. 特征性设计原则

应用在被设计的过程中，所面对的是不同的用户群体。不同的人群在操作中呈现出来的是行为与心理需求上的差异化，因此对儿童的具体年龄进行分析，了解其具体的需求是非常有必要的。儿童的认知水平与行为特征呈现出局限性的特点，也正因如此，复杂的语义元素的设计不利于儿童的接受，同时在色彩元素的搭配上，也应该充分符合儿童所在年龄段的视觉特征。过多的软件操作技巧与说明，也不利于儿童的使用，因为这会增加其使用的困难程度，从而导致其失去信心与积极性。

3. 逻辑性思考设计原则

逻辑性思考设计原则是指儿童大脑思考的过程。本质上是指儿童在使用过程中脑部思考所获得的认知，以及思考时所带来的愉悦感。在儿童交互绘本中，有趣的操作方式是逻辑性思考设计最直观的反应方式，通过有趣的动画、色彩鲜明的图形、动听的音效相结合的方式引起儿童的兴趣，在交互的过程中引导儿童思考后进行操作，得到认知反馈，从而提高儿童的认知质量。

综上，图形元素中语义元素、色彩元素、声效元素、触控元素，每一个元素都是相互配合、相互呼应的关系，缺一不可。只有图形元素之间相互作用，才会产生更加有趣味性、体验性、互动性的体验空间。

四、数字电视

数字电视从电视节目录制、播出、发送、接收等过程全部采用数字编码与数字传输技术，数字电视最大的优点是具有交互功能。交互式数字电视的传播途径是宽带，其利用家庭电视机等终端设备，应用网络进行多媒体通信。

（一）网络电视

网络电视又称 IPTV（Interactive Personality TV），是一种基于互联网的新兴技术，也是一种个性化、交互式服务的新媒体形态。它将电视机、个人电脑及手持设备作为显示终端，通过机顶盒或计算机接入宽带网络，实现数字电视、时移电视、互动电视等服务。网络电视的出现改变了以往被动的电视观看模式，给人们带来了一种全新的电视观看方式，实现了电视按需观看、即看即停。网络电视的接收端包括计算机、电视、手机和其他数字终端设备。计算机设备包括各种台式和可以移动的计算机；电视机需要配置机顶盒等，才可以获得网络电视服务；手机作为网络电视服务的终端显示设备必须具备处理和显示数字视频信号的功能。

（二）手机电视

手机电视（Mobile Television），又称流动电视、行动电视。狭义上指以广播方式发送，以地理位置不固定的接收设备为主要发送对象的电视技术；广义上则指在手持设备上接收前面狭义所指的信号收看电视节目，或以移动网络观看实时电视节目或其他影音。手机电视具有电视媒体的直观性、广播媒体的便携性、报纸媒体的滞留性及网络媒体的交互性。手机电视作为一种新型的数字化电视形态，为手机增加了丰富的音频和视频内容。手机电视具有移动性、个人化、互动性三大特点。手机电视突破了传统电视在时间和空间上的束缚，用户观看自由，观看的内容也更加个性化，其灵活性和参与性较强，用户可以参与节目并进行及时反馈，促进了用户之间的交流，增加了更多乐趣。

五、数字电影

数字电影（Digital Cinema），又称数码电影，是指以数字技术和设备拍摄、制作、存储，并通过卫星、光纤、磁盘、光盘等物理媒体传送，将数字信号还原成符合电影技术标准的影像与声音，放映在银幕上的影视作品。其载体不再是胶片，发行方式也不再是拷贝，取而代之以数字文件形式，通过网络、卫星直接传送到电影院及家庭中。

目前，数字电影有三种实现方式：一是计算机生成；二是用高清摄像机拍摄；三是用胶片摄影机拍摄后通过数字设备转换成数字电影格式。完整的数字电影概念，是指将电影摄制、编辑和放映等全过程用数字格式统一起来，其包含了电影制作工艺、制作方式、发行及播映方式上的全面数字化。目前看来，电影数字化主要指电影制作的数字化，即计算机技术对包括前期创作、实际拍摄乃至后期制作在内完整的工艺过程的全面介入。

六、数字出版

（一）网络出版

在线出版、互联网出版以及网络出版均指将作品通过互联网进行出版。出版机构在互联网上提供数字版的出版物，且具有合法的出版资格和销售权，以供公众阅读和浏览。现阶段，网络出版可大约分为五种不同类型。第一种是很受欢迎的自我出版方式——国外广泛使用的个人在线出版模式。第二种是以网络公司为中心，争取各种出版和代理权，然后发行电子书籍，并通过销售向出版商支付版权费用。第三种是由出版商自行创作并发行电子图书。第四种在美国被称为成熟的 POD 模式，主要用于发行那些限量或特殊且不再版的书籍，同时也可以出版少量的书籍。微软开发的 eBook 软件是具有代表性的第五种。网络出版充分利用和展现了互联网的优势，包括互动性、多媒体性以及无时空限制的传播能力。融合了信息检索和娱乐功能的出版形态，让出版服务更加个性化、立体化、及时和广泛，这极大地拓展了出版的范围和边界，并展现出高度灵活和富有活力的出版文化形态。

（二）在移动 App 交互设计下的数字化出版

图书的数字化的编辑工作，也随着社会的进步得以实现。数字化的全面实现，一方面符合设备终端的阅读需求，另一方面对人们传统的阅读方式起到了颠覆作用。电子读物在"互联网＋"的环境下孕育，同时电子读物的 App 载体也得到了迅速发展。随着新媒体技术介入及数字化阅读方式的快速普及，数字化出版物不仅要考虑终端设备、文件的大小和使用环境，而且要考虑版式、信息呈现形式及交互方式等。

1. 数字化出版的有关概念

(1) 移动 App 的定义

随着"互联网 +"概念的正式提出，移动 App 在我们的学习、工作和生活中得到普及和应用。这种新思维和新应用将为我们提供更多、更新的方法和工具，从而促进思维发散。一般而言，移动 App 指的是基于移动设备端而开发和应用的软件，可以安装在手机上，完善和增强手机的应用功能。基于移动 App 的主流阅读方式主要有两种：一种是以亚马逊 2001 年推出的 Kindle 为代表的数字化阅读器；第二种是传统屏幕阅读，即在多媒体设备的显示器上进行阅读，如电脑屏幕、手机等。

(2) 数字化出版物定义

数字化读物又称数字化出版物，即指通过多种多媒体设备可以进行阅读的出版物。用户端不同，内容表现形式亦不同，主要有两大类：一类是基于电脑设备的数字化出版物；另一类是基于移动 App 端的数字化出版物。本书所探讨的基于 App 的数字化出版属于后者。数字化读物优势明显，能够集平面与互动优势于一体，将各态图片、动态文字、音视频动画等元素进行融合，并动态地呈现给读者。其交互功能更加多元、形式更加多样、操作方式更加灵活，与读者互动得到加强。

网络普及和多媒体融合环境下，人们的生活、学习等时刻处于交互状态，如基于移动 App 的微信互动、聊天、留言、导航等。为了进一步满足各个年龄段使用者的需求，App 开发出丰富的产品，使应用者随时实现信息互通、互动和获取信息的目的。

(3) 网络化阅读的特点

随着互联网的进步，越来越多的创新媒体形式应运而生，并在我们的工作和学习中发挥着至关重要的作用。随着移动设备的广泛应用和不断丰富，数字阅读基于移动应用程序也越来越受欢迎。它的互动特性带来了许多新的体验和感受，因此数字出版物的阅读量有显著增长的趋势。读数字出版物不仅可以获取信息，还可以提升读者的新媒体和网络管理能力。通过使用 App 用户端，读者可以灵活、快速、跳跃地选择他们需要的内容。在互动形式中，特别是超文本中，读者可以实时交流，并在留言板等互动平台上给出反馈，从而获得更加丰富的阅读体验。数字化阅读不同于传统阅读，它提供了更多的交互方式，使得读者和作者之间能够进行双向沟通。这种富有互动性的方式能够让读者更轻松、更高效地进行深入阅读和思考。数码出版物与传统的纸质读物有所不同，其结合了平面和互动的特点，利用各种元素（如视频、音频、动画和动态图像等）来为读者创造全新、更加生动的阅读体验，从而更加深入地了解信息内容。因此，在移动 App 环境中，数字出版物的设计，特别是用户界面交互设计，具有极其重要的意义。交互界面设计和数字化阅读内容是数字读物的核心，这一点可以从交互设计相关理论得出结论。

（4）数字化出版物的特点

首先，交互性是数字出版物至关重要的特点之一。由于数字出版物的媒体在显示终端方面具有优势，通过丰富的情节与环节的设计、开发，可以使得阅读呈现出趣味性的特征，读者在这种状况下，更有助于记忆相关内容。交互最为突出的特点是，可以使得原本抽象、难理解的知识通过多种信息显示方式变得形象直观，如"宇宙黑洞"和"爆炸实验"等。

其次，资源共享性。随着移动终端的普及，基于移动 App 的数字出版物使读者能够随时随地撰写评论、分享读后感、实时交流、反馈问题。如此一来，信息就突破了人与人之间的距离并通过网络平台交互实现信息的传递与资源共享。

最后，数字化出版物具有价格低、节约纸张、更新相对快、出版门槛相对较低的优势。有资料显示，56％的读者愿意支付网络阅读的费用。数字阅读的费用约为纸制出版物价格的 5％左右，而且数字化出版物中包含的多种形式图书使读者可选择的方式增多。

2. 在移动 App 交互设计下的数字化出版物的交互设计策略

（1）交互设计简洁性

简洁，可以理解为交互的简约及整洁。交互的简约设计表现方式可以让读者不必在装饰上浪费精力而实现信息的快速获取并建立互动连接。简约不意味简单，简约的设计风格便于读者分清主次。合理地运用数字读物交互对读者的效率提高、愉悦感增强及亲切感提升起到重要作用。设计师在选择颜色、风格时要基于青少年群体的立场，因为这些设计直接体现在界面上，左右着青少年对 App 电子读物的观感。从对青少年喜欢阅读的电子读物调查统计中发现，界面合理、内容画面美观、人物角色形象生动是直接影响青少年阅读的重要指标。所以，在简洁性原则的前提下，增加了美观性的 App 电子读物获得青少年青睐的机会更大。

（2）主题性突出，兼顾艺术性

画面包含的所有设计元素都必须为一个主题服务。在注重移动 App 数字化读物交互功能的同时，还要对内容、版式等进行综合设计。不能只考虑内容的表现和主题的表达，更要兼顾整体的艺术性，如色彩的搭配、结构的布局等。因此，交互设计过程中应综合考虑应用技术、表现形式以及艺术性，最终实现技术与艺术的完美融合。

（3）易于操作和理解

读者的交互需求是否被满足是衡量交互合理性的重要指标。交互的设计对读者来说是否直观、是否易于操作和被读者接受理解，都会对数字读物的信息传递产生影响。例如，数字读物在直观性方面表现不合理，会使读者知难而退并放弃使用。因此，合理引入便于理解和操作的趣味性交互有重要的作用。

（4）针对需求进行设计

对数字读物进行交互设计时不仅要考虑读者的使用惯性，同时也要根据其需求进行合理规划。将丰富的表现形式进行合理融合，实现交互效果的优化，满足读者对阅读期待并增强其体验。

（5）通过增加动作及各类触感交互提升阅读感受

纸质阅读主要通过视觉来实现，而在数字读物中设计者可以通过增加各种动作或其他触觉、感官来辅助阅读，如有声读物、虚拟和仿真化的情景再现等。读者对数字化读物的交互应用则可以借助动作、触感等多渠道来实现。例如，页面中用于图文及扩展信息的跳转、交互按钮以及各种音频等，丰富的形式在很大程度上提升了用户的参与感和体验，进而提升了读者的阅读效率和品质。

（6）互动具有趣味性

数字读物与传统读物相比趣味性明显增强，在给读者传递信息的同时还可以与读者通过趣味性交互建立动态的关系，使数字化阅读过程成为一种幸福的体验。例如，趣味益智学习型 App 天天练等，使学习知识与游戏体验同时完成。

（7）利用音效营造氛围

音乐在数字读物交互操作中的作用是无可取代的，其具有明显的导向作用、辅助作用。音效可以很好地配合内容来突出主题，也可以来配合动态图文及交互按钮来呈现内容。基于移动 App 的数字化读物能够通过音效丰富信息表现形式，从而使读者围绕主题营造氛围。

　　数字媒体使我们的学习、工作及生活都产生了翻天覆地的变革，巨量信息借助"互联网＋"环境实现快速传播和更新。读者处在媒体大融合背景下面对海量的信息和碎片化的阅读时间时，数字化出版物丰富的信息呈现方式及交互逐渐显现出其优势，并引领读者进入数字阅读时代。基于移动 App 的数字读物交互设计强调通过合理的交互和多角度、多形式的动态图形设计来呈现信息，使信息的传递方式由单一向双向互动的交流模式转变，营造出舒适、愉悦、高效率的阅读空间，从而提升读者阅读质量，实现阅读体验和感受愉悦化。

第三节　交互动画与数字影像的创新应用

一、四维互动技术在动画展示中的应用

（一）四维互动技术历史背景

　　随着三维软件在国内越来越广泛的应用，4D 技术也得到了飞速的发展。运用三维软件制作动画电影有其独特的优势，如三维动画场景本身就具有立体特性，与立体成像相关的各种参数非常容易在软件环境中调节等。所以，计算机三维技术应用于影视行业后，很快就出现了 3D 电影、4D 电影。1980 年左右，4D 电影已经在美国迪士尼乐园出现，环境特效配以液压动感座椅，让观众体验了绝妙的震撼和刺激。迪士尼乐园中的蜘蛛侠，更是解决了"三维立体渲染"技术，使画面中的立体场景能够根据游客的运动轨迹自动地转换透视关系，能够适时地保持虚景（三维画面）和实景（现场布景）一致和连续的透视关系，大大提高了画面的真实感。

（二）四维技术概况

　　四维技术下的动画电影效果，除了立体的视觉画面，放映现场还能模拟闪电、烟雾、雪花、气味等自然现象，观众的座椅还能产生下坠、震动、喷风、喷水、扫腿等动作。这些现场特技效果和立体画面与剧情紧密结合，在视觉和身体体验

上给观众带来全新的娱乐效果，犹如身临其境，紧张刺激。

（三）交互技术

当今，主要的交互技术有触控交互、手势交互、笔式交互及声控交互技术。

1. 触控交互技术

触控互动技术是一种更具有体验感和参与感的交互技术，面向虚拟展示的触控技术及互动集成，采用多种软件算法和硬件系统集成优化技术，触控灵敏、交互方便、展示度好，能够进行单点多点的三维协同互动展示，适用于不同的硬件平台。

2. 手势交互技术

手势作为一个自然、直观的交互通道，在人机交互过程中起着重要的作用。手势交互技术包括两种：基于视觉的普通摄像头手势识别和基于 Kinect 双目摄像头的手势交互。

3. 笔式交互技术

笔式交互方式包括接触式的笔触和非接触式的激光笔等，支持笔迹输入、识别、整理和传播等笔式交互的各个环节，可提供笔式界面软件的参数设计，进行妙笔生花、手写签名等多种互动应用。

4. 声控交互技术

声控交互技术重点解决了嘈杂环境的音频抗干扰识别、声音知识库的扩充等，同时提高了声音样本的检索速度，并采用自适应的学习模式，研究出声控与其他交互手段的系统交互方式。

二、儿童交互绘本图形元素的设计应用

（一）儿童交互绘本主要思路

《小小英雄》是一本交互式的数字绘本，旨在帮助 4~6 岁的孩子发展他们的逻辑思维能力。这本绘本主要描述了一个小男孩为了治愈妈妈的病，经历了多次困难挑战，最终获得神奇的仙果，成功地拯救了他的母亲。这个故事以一个小孩的视角讲述了他为了拯救母亲而寻找仙果的历程，并在此过程中发生了一系列有趣的经历。利用游戏帮助儿童提升他们的观察力和记忆力，同时也潜移默化地

影响了他们的思维能力。这本绘本能够激发孩子的想象力，并且作为一种具有启发性的学习资源，儿童能够通过阅读和参与游戏来培养逻辑思维能力。在这个故事中，孩子会积极参与故事的开端、冲突、高潮和结局，运用自己的想象力进行操作，激发潜在的思考能力，最终创作出属于他们自己的个性化卡通故事。这款游戏利用数字技术工具为儿童提供了一个有趣的探索空间，让他们能够自由发挥创造力和想象力。孩子可以通过多种手势，如多点触控、涂抹、拖拽等方式，来展现自己的创造力。同时，借助重力感应，他们还能够探索游戏中独特而神奇的场景，最终完成一个富有互动性的故事。绘本的设计是基于皮亚杰提出的"操作性思维模式"理论，该理论研究了某个年龄阶段儿童的身体和心理特点以及思维发展，并结合研究成果制订设计方案，从而达到最佳效果。在设计绘本的过程中，需要应用图形元素的设计原则，进行调查、分析和实践，最终完成设计，同时保证原始文本的含义不受影响。通过融合讲故事和交互游戏，绘本运用语义元素、色彩元素、声效元素、触控元素等手法相互搭配，呈现出富有表现力的内容。在儿童体验的过程中，他们通过阅读和游戏的相互作用来发展逻辑思考能力。这种方法能够唤起儿童的逻辑思维，通过采用动手操作的方式，让孩子身临其境地参与整个故事情节中的角色，从而打破以往儿童交互绘本的平衡状态。结合阅读和游戏，这种方法可以促进儿童的逻辑能力，帮助他们建立新的认知平衡。

（二）儿童交互绘本的技术支持

数字媒体技术的出现改变了传统绘本特定地点和特定阅读行为的表现方式，使儿童可以随时随地进行操作阅读，参与到绘本交互过程中，丰富了传统绘本的单一性。数字技术工具为儿童创造了去想象、发明和探索的空间，激发了儿童的学习兴趣。

1. 语义元素、色彩元素运用的主要数字技术

在儿童交互绘本中语义元素的设计上主要运用了 Adobe Photoshop、Adobe IIIustrator 这两种专业的绘图软件进行绘制。通过这两类软件绘制故事内容，及图形上色的部分。这两款软件的优势在于可以有效地将绘本中所要编辑的图形、文字、色彩、排版等多个方面进行制作。在前期的图形绘制中 Adobe Photoshop 提供不同质感的笔刷效果以及特殊纸张的材质，如：画笔工具中的水彩笔、马克笔、喷枪等，以达到绘本界面风格呈现多种多样的表现。在 AdobeIIustrator 的

部分，主要进行绘制界面的矢量图形，如制作矢量的图标及 logo 等，为儿童交互绘本中阅读人群的特殊性提供了满足。

2. 声效元素运用的主要数字技术

在儿童交互绘本的音效设计中，采用 Adobe Audition 专业音频编辑和混合环境的音频软件，其主要优势在于通过该软件对绘本后期不同音频进行混剪、效果处理能够满足儿童交互绘本中声效元素的要求。在儿童交互绘本中，主要涉及音频处理的音效元素包括：背景音乐、旁白、交互音效等，每个音效之间的设置应相互配合，以达到最佳的视听体验效果。背景音乐的目的主要是带动整个儿童交互绘本的气氛，背景音乐的播放在故事进入阅读环节时应控制减小音量，不能超过故事内容的阅读音效，以防出现喧宾夺主、造成视听混乱的现象。旁白的部分由专业的配音人员进行配音。要求阅读者在阅读旁白时要咬字清晰，语速适中，阅读音效的表现方式符合当下儿童心理特点，且语气生动活泼。交互音效部分在整个交互绘本中主要起到引导、提示儿童的作用。儿童在发出动作后，相应的音效配合会与儿童产生有效的交互反馈，且反馈的声效与所点击的内容相关，这样的音效元素配合使儿童能够更好地融入整个交互绘本的故事中。

3. 触控元素运用的主要数字技术

（1）多点触控技术

多点触控技术指的是在没有传输设备的情况下，进行的人机交互操作行为。多点触控技术是儿童交互绘本中必不可缺的部分，它实现了儿童与绘本之间的相互交流的行为。多点触控技术最大的特点即为可交互性。多点触控技术也是整个儿童交互绘本的核心之处，其作用在于儿童可以根据所看到的图形元素进行操作编辑产生交互行为，即以"所见即所得"的交互思想为原则。与电脑、其他数字设备相比，以多点触控技术为支持的儿童交互绘本对于儿童更容易操作和上手，可以直观地进行操作。不同年龄段的儿童对于触控元素的操作是不同的。4~6 岁的儿童主要以简单的涂抹、触摸、双手切换、倾斜、点击等操作方式进行触控。

（2）重力感应技术

重力感应技术主要通过对力敏感的传感器在感受儿童交互绘本变化姿势时，重心所产生的一个变化。重力感应技术最早应用于诺基亚推出的《Groove Labyrinth》游戏中，玩家通过将手机倾斜来控制球的移动，通过障碍或者绕开陷阱最后到达目的地。将重力感应技术嵌入儿童交互绘本中，利用倾斜、摇晃等多种操作手法可以通过多角度视觉化感受模拟真实场景，增加交互绘本中的互动性、趣味性，使儿童互动的过程不仅仅局限于多点触控技术的涂抹、拖拽等交互行为中。

（3）距离感应技术

距离感应技术用于感应物体与物体间的距离以完成某种预设的功能。目前，市面上使用较多的是红外距离感应器且广泛应用于手机上。例如，在手机接通电话时距离传感器开始起作用，当用户脸部靠近屏幕时，距离感应器检测到信息，屏幕灯光会熄灭自动锁屏，以防脸部错误操作。近年来，越来越多的家长开始重视儿童生理发展，因此设计人员结合技术现状，将手机中的距离感应器运用到儿童交互绘本中，以达到纠正儿童认知中带来的不良习惯，使移动设备与儿童使用保持合理的使用距离，控制儿童的用眼行为，以防不正当的用眼姿势对儿童产生不必要的伤害。

（三）儿童交互绘本的交互流程设计

1. 儿童交互绘本逻辑结构框架分析

在设计交互流程时，需要考虑整个界面的框架结构，并确保其一致性。通过运用数字技术的图形元素，激发儿童的创造性思维和探索能力，尤其是在科学和数字技术方面。

设置界面、文本界面与提示界面，三个板块构成了儿童交互绘本。首先，语言选择、时间提醒和音效管理构成了设置界面的核心。用户可以有听故事、读故事两种模式选择。系统会根据儿童使用设备的时间来做出提示，以保护他们的眼睛健康。可以利用音效调节功能来适应背景音乐以及朗读的声音大小。其次，文本界面主要包括绘本和交互游戏两部分。绘本的主要目的是通过叙述故事的方式来提高儿童的注意力并引导他们参与其中，而互动交互只是辅助实现这个目的的一种手段。利用游戏中的文本界面叙述情节，激发儿童对逻辑思维的兴趣，从而以游戏的形式辅助其进行能力的训练。最后，提示界面包括导航界面、胜利界面和失败界面三种。孩子开始接触绘本阅读时，一般会选择互动式绘本作为入门。他们会从第一页开始探索这些绘本。整个绘本采用一条完整的故事主线，包括引子、波折、高潮以及结论。读者可以通过与绘本互动，跟随故事的情节发展并投入其中。在关键界面中采用四种基本的逻辑形式，将它们巧妙地结合游戏的方式，创造出一个小型交互事件。这个事件与故事情节之间的发展紧密相关，增强了整个故事的连贯性。当孩子进入重要的屏幕界面时，他们会根据故事情节进行判断，并使用配合的图形元素进行一系列思维活动。这个过程包括认知、观察、分析、判断、组织、对比和整合。他们会将这些过程应用于预先设置的关键界面，并与之进行交互。孩子将在故事的每个重要转折点上扮演助手的角色，协助主人公克服艰难险阻，并最终完成整个故事。孩子与绘本互动，共同推进故事发展，最终实现了完整的故事结局。

2. 导航界面的交互流程设计

导航界面即为儿童交互绘本打开故事的首页。导航界面的背景设计主要根据故事内容素材提取绘本的关键人物和内容进行绘制。故事名字由主角互动带入，停留在界面正中央清晰显著。界面主要分为三个部分：开始键按钮、音效调节按钮、语音选择按钮。应考虑到绘本使用年龄段范围，对导航界面的交互元素的复杂程度进行限制，以便用户能更专注于文本元素片段间交互元素的逻辑关系规划。

3. 文本界面的交互流程设计

故事进入文本界面以后，该界面主要以故事内容的叙述为主，通过音效元素的旁白配合相应的故事画面伴随儿童阅读。在文本界面的左上角分别有主页界面按钮和音量调节按钮。界面的最上角设有小房子的标志可以通过点击后可以返回主页界面。界面中音符形状的按钮点击后会出现小的对话框可以根据儿童自己的需求调节音量大小。儿童可以根据手指左右滑动的方式进行左右文本界面的切换。在文本界面中每一个故事界面都会有不同的交互行为，儿童根据故事的提示可以进行点击与故事内容发生交互，形成反馈。在文本界面的设计中作者以故事内容的认知阅读为主，交互行为为辅，从而达到认知阅读与交互功能平衡的状态。

4. 游戏界面的交互流程设计

游戏界面主要是根据文本界面故事内容的发展脉络展开的。游戏界面的内容主要根据故事情节的发展通过逻辑的基本形式：分类、顺序、对比、联系，以游戏的形式，相应的插入故事情节中，并与故事内容相互联系组成游戏。界面包括主页按钮、音效按钮、交互行为反馈等，在游戏环节中主要是以儿童作为主导操作来把控整个游戏，其中包括声效元素、触控元素的反馈。在声效元素中主要包括两种，其一是儿童点击拖拽物体时，物体对应发出的物理属性的音效；其二是对儿童进行操作游戏时引导、鼓励的音效，如"别灰心，加油哦""我在这呢"。而触控元素主要表现为儿童对物体拖拽、涂抹、摇晃、倾斜等操作行为对物体点击时其本身属性行为的反应，如儿童点击水中的小鱼，小鱼游来游去，呼吸冒出泡泡的行为表现。通过游戏环节的插入，不仅可以提高儿童阅读认知的兴趣，以游戏的方式还能激发儿童的思考。通过交流互动的行为，加上实践动手的形式，以此来培养学习和解决问题策略的能力。帮助儿童成为具有创造力的思考者。

5. 设置界面的交互流程设计

设定界面包含三个主要组成部分，分别是语音选择、音效调节和时间控制提示。为了完成这些界面，需要家长提供一些简单的协助。在语音选择中，家长可以选择与孩子一同阅读绘本，关闭听故事模式，在亲子互动中一起探索故事，或者让孩子自己讲述故事，与家长进行互动，一同欣赏绘本。故事模式中的背景音乐会随着成人朗读而营造出故事的氛围。这样一来，成人就会开始与孩子进行互动，引导孩子自发提问，共同思考故事情节，增强父母和孩子之间的情感交流。声音控制包括背景音及朗读音两种，使用者可依喜好调整音量大小。家长可以设定孩子的阅读时间，以限制孩子使用绘本的时间，在时间提醒设置上更加灵活。绘本将按照设定的时间间隔提醒孩子休息，以确保孩子良好的阅读体验和用眼习惯。在使用电子产品时，应根据保护视力的需要，定时设定提醒功能。建议第一次的提醒时间为 20 分钟后，之后每隔 10 分钟进行一次提醒，直到使用时间达到 40 分钟，这样可以有效保护眼睛。考虑到绘本的受众为儿童，因此在设计提示时，画面将缓慢变暗，并随之播放语音音效，告诉孩子："小动物们需要休息，我们也该休息一下了！"每隔 5 分钟会有语音提示，提醒儿童返回主页，以保证他们休息。而当拉动位于界面右上方的电灯拉绳时，画面便会被点亮，这样便能够继续阅读了。

6. 图标、文字的交互流程设计

在编制儿童交互绘本时，需要考虑到儿童的认知心理需求，以确保图标和文字的设计能够符合他们的认知水平。在绘本中，常见的图标位于页面的左上角或右上角，如"设置""返回主页""音效调节"等按钮。在设计图标和图形时，需要牢记儿童的语义元素认知规律，同时确保图标的色彩搭配与整个界面风格协调一致。在设计按钮时，应遵循具象、易懂和便于儿童认知的原则。当使用图标按钮进行操作时，其状态会出现两种不同的表现形式：一种是"点击"状态，另一种是"正常"状态。设计人员在设计过程中，需要对这两种状态进行不同的设计，同时在点击时还需要配合相应的音效来进行呈现。采用可爱、清晰醒目的儿童字体，有助于吸引孩子的关注，从而激发他们对阅读的兴趣。

第四节　数字媒体交互设计的作品欣赏

一、pc 端软件 360 安全卫士产品图形用户界面设计赏析

360 安全卫士软件是一款上网安全软件，其界面如图 5-4-1 所示。软件的主要功能是为电脑杀毒，因为杀毒软件功能较少，作用单一，所以使用了简洁明朗化的设计风格。

图 5-4-1　360 安全卫士界面（图源网络）

整体设计风格上，采用当下较为流行的扁平化设计风格。扁平化、图标化的呈现方式，使用户能快速、准确地获取信息，会较少产生辨识问题和迷途现象，提供了更好的用户体验。用简洁的设计语言传达信息，提高了软件的可用性，减少了用户的学习成本，新用户或者比较欠缺实际操作能力的用户也可以根据图形化设计语言迅速地进行识别，给用户简洁的视觉感受。

色彩关系上，该界面为高亮调，整体以绿色为主，黄色及红色为辅，色相多为邻近色对比。界面中采用大面积的留白给人干净、简洁的视觉感受，顶部及中部以绿色和白色相结合，整体给人舒适的心理感受。软件管家按钮、右侧内容功能推荐按钮及开机助手，采用小面积的红色及蓝色，打破了画面色彩的单一性，使界面更加丰富、和谐统一。

整体布局的结构上，按照视觉流程，从上到下进行构建。软件的基本框架结构由顶部的标题栏、右侧的工具栏、中间部分的主画面区域和底部的状态栏组成。

整体布局的体现上，工具栏运用图标的大小变化对功能性进行对比和区分，如右侧的小图标就是点，顶部工具栏的电脑体检、木马查杀等构成了线，内容区域大面积的立即体检按钮构成了面，由以上几点构成了功能上的点、线、面的结合。

顶部的标题栏由版本信息、登录链接、团队版、换肤、主菜单、最小化和关闭按钮组成；工具栏由八大按钮图标组成，分别为我的电脑、木马查杀、电脑清理、系统修复、优化加速、功能大全、软件管家、游戏管家；中间部分的内容区域窗口由左侧的当前电脑信息操作显示，以及底部的当前链接状态组成。

从左到右，左侧顶部工具栏密，中间内容区域疏，右侧的 logo 标志及右下的内容区域的小图标很好地平衡了画面的"左倾"，整体上疏密得当，相得益彰。

在交互体验上，总体注重简单直接，使用的主要图标都一览无余。界面中部的"立即体检"按钮，在白色的背景下，采用了与界面相统一的绿色调，按钮视觉效果突出，刺激了用户的点击欲望；中部圆圈图标的设计，使用不同的颜色代表电脑的"健康"状态，设计非常人性化；右侧"功能大全"的设计，为了避免大量图标堆积产生凌乱的感觉，软件为用户设置了"找工具"的搜索栏，使用户可以寻找更多自己所需要的软件功能。

此界面最大的亮点是色彩的使用结合了软件的特性，界面整体使用了绿色调，使用户在色彩视觉感受上，联想到自然、健康，在使用软件的过程中，给用户带来安全放心的心理感受。

二、移动端微信界面设计赏析

下图为移动通信产品应用软件——微信 8.0.16 版本通讯录界面（图 5-4-

2)，该软件是一款免费的移动端社交通信软件。软件的主要功能是实时通信、沟通，降低了用户与用户间的沟通成本，功能强大，使用了简洁的设计方式。

图 5-4-2 微信通讯录界面（图源网络）

整体设计风格上，采用了扁平化设计风格。文本化与扁平化图形搭配的表现，简洁明了，通俗易懂。此软件的主要目的是形成文字与语音的交流沟通，扁平化图形的使用可以有效减少其他视觉干扰，提高用户体验效果。在色彩关系上，该界面为高亮调。整体色调以蓝绿色为主，橙色为辅。色相对比多为邻近色和互补色。

界面中采用大面积白灰色。底板的浅灰色有效地衬托出上层白色的列表栏和橙色、绿色、蓝色填充的图标，整洁大方，与上面的白色图标形成对比，更加突出图标所示功能，有效提高了信息的传达功能，同时也起到了点缀画面的作用。底部选项卡图标以纯灰色加上扁平化外轮廓形式的表达，没有特别花哨的颜色，简洁且形象地传达信息。当点击图标时，其会自动变为亮丽显眼的绿色，增强用户的点击欲望，而保护眼睛的绿色也符合色彩心理学规律，减轻用户用眼时间过长而导致的眼部负担，细节设计非常人性化，给人以休闲愉悦的体验感受。整体结构布局上，按照视觉流程，从上到下，界面的基本框架由顶部的状态栏、中间部分的搜索栏和列表栏及底部的导航选项区域组成。界面很好地运用了线、面和颜色之间区分的关系，界面黑白灰关系明确，底板为浅灰色，列表栏为白色矩形框，界面下方的选项卡巧妙地用了一根浅灰色细线同上方列表栏分开，叠压关系明确。顶部状态栏从左到右由数字时间、信号提示、当前网络模式、电池状态图标和右侧的"添加功能"图标、通讯录标签字样组成，右侧"添加功能"图标的设置，当用户点击进入后，会弹出添加朋友的界面，使使用户能够便捷地搜索微信号、手机号添加朋友，还可以通过雷达加朋友、面对面建群、扫一扫等方式进行添加。中间搜索栏的设置，方便用户在众多好友中迅速查找目标好友，避免了好友较多造成视觉疲劳，此搜索栏不仅可以搜索好友，还具有搜索朋友圈、文章、收藏、餐厅等隐藏功能。同时软件还为用户设置了"语音搜索"的图标，使用户在体验时更加方便快捷。列表栏区域由新的朋友、群聊、标签、公众号和星标朋友列表、按首字母排列好友列表组成。列表图标也充分体现了一致性原则，新的朋友、群聊、标签、公众号图标框大小一致，摆放位置一致靠左，排列整齐。底部的导航选项卡分别为微信、通讯录、发现、我四个选项。遵循图文匹配的原则，将颇具辨识度的图标与下方文字合理匹配，方便用户在使用时更快地识别。在操作上，符合人体工程学的规律，大小距离一致，方便点击，当点击选项卡图标时，图标及文字自动变为绿色并立刻进行页面跳转，让用户快速找到目标位置完成交互。点击通讯录后，右侧的首字母滚动条设置，也顺应了移动端软件用手指操作的特点，上下滚动条不仅让界面的存放空间加长，还便于用户操作，方便用户寻找好友。在交互体验上，图标按钮的位置及大小遵从人体工程学，移动端用手指操作，图标大且位置较稀疏，有效体现了功能性和实际运用的结合，主要功能图标位置摆放一览无余，总体注重简单直接。主要功能图标如中部新的朋友、群聊、标签、公众号图标位置和底部选项图标位置都摆放得合理、显眼，方便用户操作形成交互。次要的功能图标如添加和语音搜索等，所包含的信息容纳量大，就巧妙地避免了众多图标都在同一界面堆积的现象，以免干扰视觉。界面板块分布明确，主次分明，一目了然，方便快速操作。搜索栏的文字搜索功能配有语音搜索，非常人性化，适应各类人群使用。右侧的首字母滚动滑条搜索的设置，在不影响画面美观的同时也体现了其强大功能性，使用户能快速进行搜索与查找，给用户带来方便、快捷的体验。

此界面属于通讯录界面，其最大的亮点是利用不同的板块信息来区分通信人信息和利用首字母来进行联系人排列顺序与查找，沟通成本低，是一个便携式通讯录。联系人信息容量大，运用滑块可以上下拖动，方便查找。还有语音搜索功能的设置，操作简单，学习成本低，给用户带来方便、快捷的操作体验。

三、智能家电产品图形用户界面设计赏析

下图为小米移动端智能家电产品界面（图 5-4-3），该软件为智能家居的管理 App 应用软件，其主要功能为远程操控，使智能设备间互联互通，实现多种场景联动。由于互联网的高速发展，家电产品的用户端延伸和扩展到了各类物品之间，信息交换和通信相对普遍。此产品针对办公和家庭的需要，采用了简洁大方的设计理念。

整体设计风格上，采用了现在较为主流的扁平化设计风格。扁平化图标的呈现方式，使用户能快速准确地获取信息，简化用户操作步骤，减少中间操作环节过多而导致的信息失真，提高了用户体验感受。另外，产品采用简洁明朗化的图形设计语言，给予用户清晰明了的视觉感受。

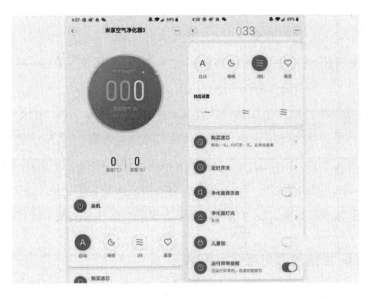

图 5-4-3　小米智能家电监控安全管理 App 应用软件界面（图源网络）

色彩关系上，该界面为高亮调，整体以代表科技的蓝绿色为主，利用近似色的渐变给用户营造一种高科技氛围的感受。色相多为邻近色对比或弱对比类型，整体效果和谐。

白色为界面的主色，给人以干净、简洁的视觉体验，如白色的底板、按钮和字体颜色。小面积蓝绿色的使用让页面不会那么单一死板，打破了界面色彩的单调性，丰富了整个界面，突出了视觉主体，蓝色近似色渐变操控按钮和关键性的数据也能够起到更好的指引作用。蓝绿色被使用于界面中的突出功能上，呈现一目了然的视觉效果，提高使用便捷性。

整体布局结构上，界面的基本框架按照视觉流程，由顶部的标签栏、中间部分的主画面区域及底部的操作区域组成。整体布局体现上，设计运用圆形的外轮，杜绝坚硬的棱角设计带来的攻击性，并利用图标大小及位置的摆放对其功能性进行主次区分。

顶部的标题栏由运营商、当前网络连接状态、当前时间数字显示、蓝牙状态和电池百分比组成；中间部分的内容区域显示窗口由当前显示 PM2.5 参考值、当前室内空气质量与当前室外空气质量组成；底部由基本操作关机、自动、睡眠、调控挡和自定义按钮组成；最底部则由该家电的各个部分使用寿命及最爱按钮的自定义设计组成。从上到下，顶部工具栏图标小而密、中间内容区域按钮大且疏、底部图标大小适中，使整个界面疏密结合、有大有小、富有层次感。

在交互体验上，按钮的位置及大小遵循人体工程学原理，移动端用手指操作，图标大且位置较疏，注重功能性和实际运用相结合。主要使用的图标位置及大小都在视觉中心点上。整个交互页面可视性较好，方便用户发现和了解使用方法。中间部分的内容可以准确地表达控制功能及其效果之间的关系。统一的语言和操作体验、清爽、容易上手、连接方便。由此可见，无论是设计一款 App 的互联网产品还是其他方面的产品，最终的目的都是给人使用。所以在交互设计上，更应该以怎样使用方便、怎样使用能给用户带来便捷、提高用户体验为主。在未来，"以人为本"的设计一定会越来越重要，能够给用户带来方便的产品才能立足，才能生存。

四、影像装置艺术交互作品赏析

新媒体艺术家林俊廷曾于台北故宫博物院展出影像装置艺术交互作品《富春

山居图》。该作品打破了故宫常规的博物馆观看作品的方式，受众不再只是观看影像作品，而是可以互动和参与创作。艺术家林俊廷的《富春山居图》用艺术和科技激活了博物馆，让它不再是陈列没有生命物体的冰冷场所，由此也激发了年轻人通过该作品去了解原作、历史、文学和古典美术等。《富春山居图》系列的第一个作品"山水化境"在互动的实现上具有巧妙的构思，受众可主动观察画中其他人的状态，并用声音与画中人"对话"，随着"喂"的声音此起彼伏地响起，受众观察到画中人在钓鱼、弹琴、砍柴，甚至在江的对面朝观众挥手，"山水化境"中打造了"曲水流觞"的视觉场面。当画面中的酒杯被放到水中后，会呈现出满山遍谷开花的景象，抑或是打雷、闪电、下雨等天气变化。不同的人在捞酒杯时，它的画面都是不同的，直至看到四季的不断变化。

《富春山居图》系列的第二个作品以仿照故宫展览的方式，讲述了原作的传奇经历。《富春山居图》原稿为670年前的画作，于顺治七年被烧成两段，艺术家还原了这个让人遗憾的场景，数字化呈现的画作随着观众的触摸展开。中国的传统长卷原本是从右向左看的静态面，这件作品只要观众去触摸画上的印章，画面就会开始讲述清顺治七年这幅画被烧成两半的历史。在讲述过程中，画卷开始燃烧，在这样的表现方式下，观众能更直观地了解《富春山居图》烧断的历史。

《富春山居图》系列的第三个作品以交互的方式讲授山水画的技法。作品让观众学习国画的布局，学习山、水、树、石、屋舍等画法。观众布局完后的画面，某种程度上有些像浙江博物馆所藏的《富春山居图》的《剩山图》部分，画完后再点一下左下角的印章，就可以将其打印出来，这就好像观众自己创作了一幅新的《富春山居图》，这也是一种让观众参与的方法。《富春山居图》系列搭配了极具中国风的配乐，结合作品的艺术风格和所传达的情绪，更能把观众带入情境。《富春山居图》的配乐参考了交响乐的结构，既有高低起伏，也有疏密宽广。编曲师按照画作中山的走势制作的音乐，山高就做得气势磅礴，宽广则做得优雅。观众听完音乐走上前来，如果画面是沈周所临摹的《富春山居图》，就会介绍到沈周的字、号等。同时，还会呈现沈周与黄公望的对话。例如，沈周问："黄老师，你觉得我画的山水如何？"黄公望回答说："你所描绘的山势比较平稳。"言下之意就是，因为沈周是临摹黄公望的，其笔锋就缺少了气势，通过沈周、赵孟頫、董其昌等与黄公望的对话，可以将后世学者对其他九卷画的研究用文言文生动地传达给观众。当观众再去看真迹时，就会有更深入的理解。《富春山居图》系列的声音互动装置还搭建了灯光，以及一个可以控制移动速度的机械平台，对着切割和雕刻后的有机玻璃拍了五个层次的画面。当观众听到一段音乐时，就会看到灯光照射在有机玻璃上形成的光影，透过光影可以看到画面中前面的山动得比较快，后面的山动得比较慢。就像我们在坐火车时，透过窗户可以看到前面的树动得比较快，后面的山动得比较慢。

参 考 文 献

[1] 刘姝铭，侯玥．数字媒体交互元素设计 [M]．北京：高等教育出版社，2014．

[2] 程粟．数字交互媒介设计 [M]．苏州：苏州大学出版社，2021．

[3] 黄心渊．数字媒体创作 [M]．北京：中国传媒大学出版社，2017．

[4] 陶薇薇，张晓颖，等．人机交互界面设计 [M]．重庆：重庆大学出版社，2016．

[5] 曹育红，董武绍，朱姝，等．数字媒体导论 [M]．广州：暨南大学出版社，2010．

[6] 王正友．数字传媒设计与制作 [M]．重庆：重庆大学出版社，2022．

[7] 夏孟娜．交互设计：创造高效用户体验 [M]．广州：华南理工大学出版社，2018．

[8] 丁刚毅，王崇文，罗霄，等．自媒体技术 [M]．北京：北京理工大学出版社，2015．

[9] 曾军梅，许洁．数字艺术设计理论及实践研究 [M]．北京：中国商务出版社，2019．

[10] 王艺湘，万众，郑铭磊，等．数字媒体设计 [M]．北京：兵器工业出版社，2013．

[11] 丁嘉阳，刘大明．浅析儿童交互绘本界面的表现形式 [J]．美术大观，2017(1)：124–125．

[12] 郭福宣．浅析数字媒体艺术在交互设计中的应用 [J]．中国新通信，2021，23（20）：52–53．

[13] 章琼．行动体验在数字媒体广告交互设计中的应用研究 [J]．声屏世界，2021（9）：98–99．

[14] 赵瑄，党海燕．浅谈数字媒体中的交互设计 [J]．中小企业管理与科技（中旬刊），2020（11）：183–184．

[15] 穆冰玉. 数字媒体交互设计的换位思考 [J]. 新媒体研究, 2016, 2 (10)：115–116.

[16] 刘禹, 李星. 基于数字媒体技术的交互产品设计策略研究 [J]. 鞋类工艺与设计, 2022, 2 (24)：45–47.

[17] 张艳. 数字媒体技术在交互产品设计中的应用 [J]. 数字技术与应用, 2021, 39 (9)：137–139.

[18] 史瑞芳. 交互设计对数字媒体技术发展的影响 [J]. 电脑与信息技术, 2016, 24 (6)：62–64.

[19] 周世明. 浅析数字媒体中的交互设计 [J]. 通讯世界, 2015 (19)：196.

[20] 曾真. 数字互动影像设计课程开发研究 [J]. 艺术教育, 2015 (7)：107.

[21] 丁嘉阳. 基于培养儿童逻辑思维的数字交互绘本图形元素设计研究 [D]. 大连：辽宁师范大学, 2018.

[22] 张可儿. 多维感知下的数字媒体艺术的审美特征 [D]. 长春：吉林艺术学院, 2022.

[23] 朱冉. 界面设计中交互设计的发展趋势与创新研究 [D]. 沈阳：鲁迅美术学院, 2021.

[24] 王蔚. 数字媒体艺术增强现实多通道交互设计与实践 [D]. 长沙：湖南大学, 2021.

[25] 蔡念. 试论数字技术对数字媒体艺术实践的影响 [D]. 南京：南京艺术学院, 2020.

[26] 张平. 人工智能时代数字媒体艺术创新发展研究 [D]. 株洲：湖南工业大学, 2022.

[27] 纪盈瑄. 移动端短视频摄制的交互视觉引导模式研究 [D]. 厦门：厦门大学, 2020.

[28] 刘景明. 影像艺术的数字化转型及创作策略研究 [D]. 上海：上海大学, 2020.

[29] 徐宇玲. 以用户为中心的数字媒体互动叙事研究 [D]. 南昌：江西师范大学, 2017.

[30] 孙畅. 数字媒体艺术中用户界面的动画设计与研究 [D]. 武汉：湖北工业大学, 2012.